COMPUTADORES LABRADOS EN PIEDRA

MARCO AURELIO GALAN
HENRIQUEZ

Copyright © 2014 Marco Aurelio Galán Henríquez

All rights reserved.

ISBN: 1500997862
ISBN-13:978-1500997861

DEDICADO A

Saúl Rúgeles, mi más grande mentor en la dimensión teórica y analítica, quien indico la lección más valiosa: "desaprender". A Samuel Jaimes quien en su generosidad nos concedió un escenario que trasciende el pregrado y halla las mejores respuestas ante las dudas que se esbozan. A Yolanda Pinzón y Jeanette Bergsneider, su devoción y entrega hacia sus estudiantes es única, respetar y trabajar sobre las formulaciones emitidas por sus estudiantes es magistral.

Mi gratitud será eterna, mi tributo a su excepcional labor. A mis grandes maestros.

CONTENIDO

1	Computadores astrales	6
2	Orígenes del cerebro cibernético	Pg 20
3	Diagramas solares	Pg 35
4	El modulor, hackeado	Pg 42
5	Tratados universales	Pg 59
6	Parametrismo ancestral	Pg 74
7	Rastreando los orígenes del cubismo	Pg 106

1 COMPUTADORES ASTRALES

Un método recurrente en la construcción de una imagen expone la elaboración progresiva de un cumulo de fragmentos, a partir del detalle se reconstruye un modelo o una escena. Afín al principiante que parte del ojo y procede con el emplazamiento de elementos faltantes alimentando su referencia inicial, fallas en el pre dimensionamiento y el encuadre surgen de manera sorpresiva frente a la inminencia de su concreción. El arqueólogo reconstruye una escena con descomunal destreza abordando una serie de fragmentos a disposición y visualiza las partes faltantes orientadas a la consolidación de un todo.

Lucy, el nombre popular asignado a AL 288-1, centenar de piezas óseas que representan el 40% del esqueleto femenino de un Australopithecus afarensis. Descubierto en Hadar en el valle de Awash, Etiopía, en el año de 1974. Su presencia se estima hace 3.2 millones de años atrás, clasificado como homínido. (figura 1)

Las guías turísticas en el propósito de establecer una experiencia orientada a una percepción tangible y exponer una serie de menciones descriptivas que atañe a las disciplinas más cercanas delimitan y canalizan la atención de la persona a un reducido número de detalles puntuales. Un contenido se repite y se desgasta hasta el cansancio, se esgrime la ventaja al detectar una secuencia de huellas e impresiones al curso del tiempo junto a los diversos actores que interactúan con ella.

Un principio conceptual, el software etéreo emana al unisonó de un recipiente técnico. Un monumento megalítico se yergue

Figura 1. AL 288-1

más allá de una proeza constructiva, se dispone ante una necesidad u objetivo manifiesto. La mecánica celestial, el avance de un cumulo de esferas que retienen un fuego oceánico, sus trayectorias predecibles ante la observación constante y el registro diligente a través de un componente en apariencia eterno. (figura 2)

La voz celestial almacenada en un dispositivo pétreo, un artefacto en piedra que habilita el cómputo y la predicción de una mecánica remota.

Un fenómeno que se manifiesta en abstracto y clama por un orden que trascienda la cifra y el rigor geométrico por medio de imaginarios. El guion que enlaza y encadena todo acto y toda partícula. El ciclo nocturno que revela un enjambre de soles y sustentan el rito y el relato. El héroe y la deidad que se hacen eternos en el avance de una bóveda celestial. De allí la analogía de un disco solar al tripulante de una embarcación, el conductor de un carruaje.

Enlazar el color o las propiedades de un fenómeno, la sustancia que arde y devora para conceder su áureo esplendor. Personificaciones que hacen eco a un mundo terrenal, el inmenso espejo sobre el cual se esbozan los triunfos, derrotas, conflictos, sacrificios, actos que responden y atienden al ideal de una cultura u civilización.

Un cumulo de puntos en abstracto, ¿Cuál es la mejor estrategia para consolidar un acervo nemotécnico? ¿Cuál es el mejor método para memorizar una información específica, amplia y mutable? Allí es donde acuden las asociaciones, la definición de patrones mediante la generación de compartimientos y grupos. Los torneos que convocan la disciplina mencionada enseñan a sus mejores exponentes, al instante en que se les consulta

COMPUTADORES LABRADOS EN PIEDRA

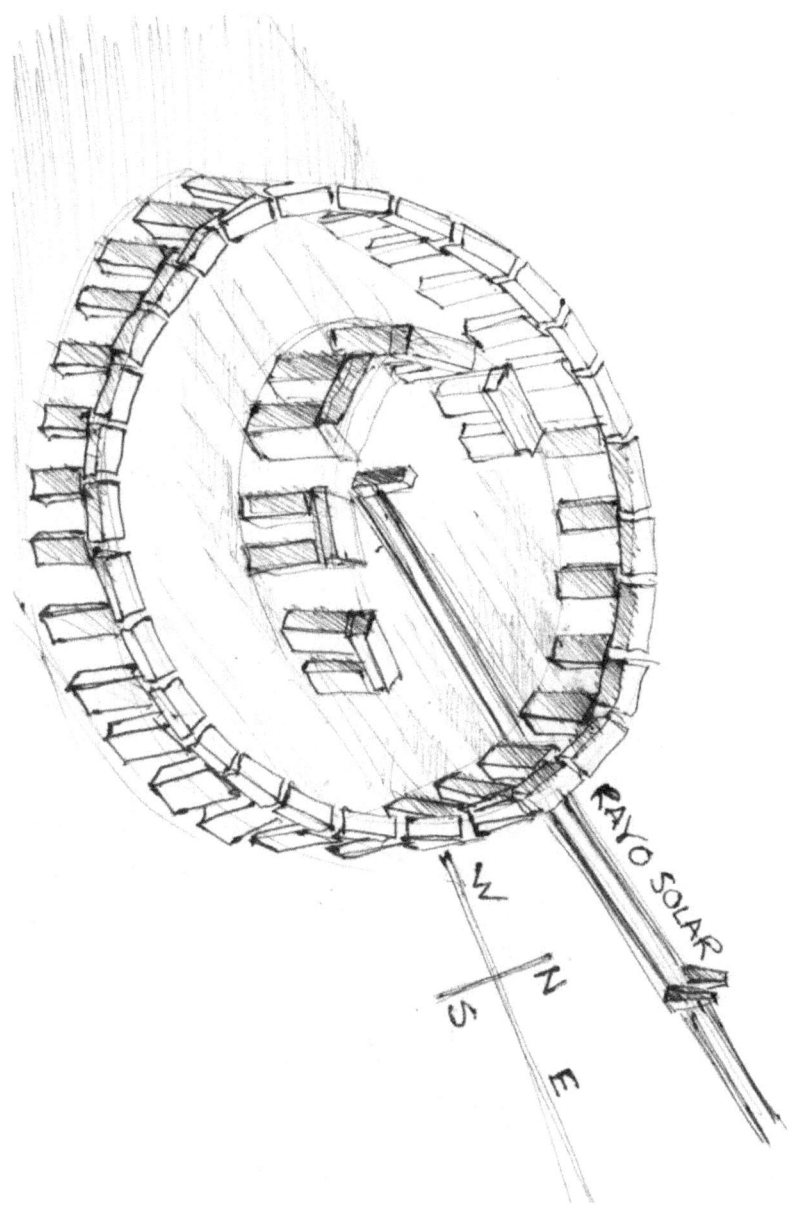

Figura 2. Complejo megalítico útil en el computo de calendarios.

sobre sus métodos, sus respuestas dibujan la pericia en la construcción de un relato sobre los datos a manejar. Dominic O'Brien, le contamos entre ellos (Mnemonistas). La escritura acudirá como una potente herramienta a la hora de almacenar un cumulo de datos si la confrontamos a las sociedades que carecen de la misma o nutren alternativas diversas, afines a la tradición oral.

Las formas primarias de producción se orientan a la agricultura, sociedades sedentarias que ostentan un control aparente sobre una vegetación local. Recursos naturales destinados al consumo. Escenarios que aducen una evolución conjunta con las condiciones temporales, fases consolidadas en el avance de las estaciones. ¿y qué define una estación y sus rangos de temperaturas?

Un computador revela en la definición de su término su función esencial. Del procesamiento de datos a la simulación de evento. Las sociedades ancestrales demandan un control que les permita anticiparse a las pulsiones de Cronos, tal como lo han logrado con sus laboratorios e industrias genéricas. Los trasfondos científicos que germinan de la observación y el estudio analítico se adhieren en paralelo a las matrices y escenarios que consolidan los triunfos técnicos y tecnológicos. Nunca les hallaremos como capítulos aislados.

Cuando se observan la línea de horizonte en la distancia y se procede a tabular el nacimiento y puesta del disco solar, no lo hará sobre el mismo punto. Al curso de los meses cambiara la ubicación de su partida e inmersión para dar lugar a la noche. (figura 3)

Las fulgentes dagas solares y su áureo velo, quien extingue la ceguera y oscuridad, quien abarca toda superficie u objeto,

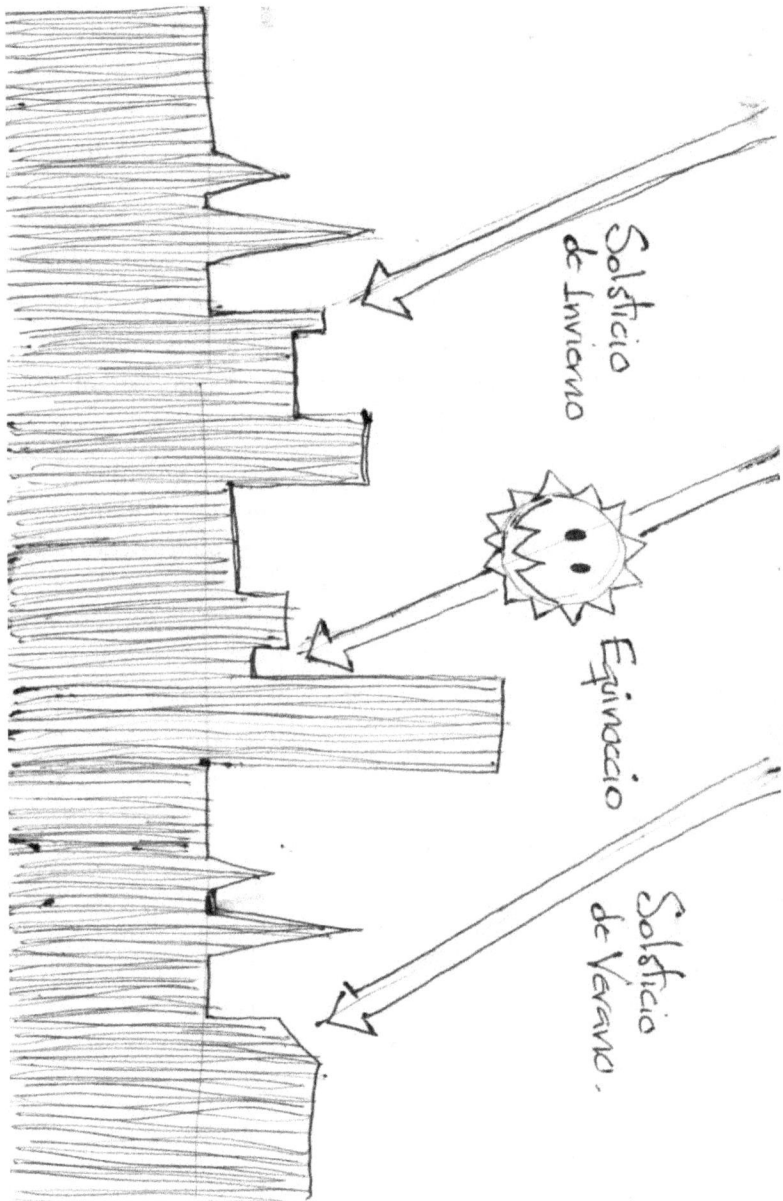

Figura 3. Variación ascenso y descenso del disco solar en el horizonte al curso del año.

quien regula todo ciclo y toda conducta de un vasto número de especies. Las deidades y figuras de culto se enlazan a su imagen o un fenómeno con un poder de devastación, los temores fraguan objetos de adoración ante una naturaleza cobarde.

El dispositivo arquitectónico, el computador labrado en piedra define un punto y una posición, las piedras como objetos inmutables y con un adecuado comportamiento ante la intemperie servirán como canales de registro. La circunferencia como estructura, los pilares pétreos y los rostros que computan la luz solar. Un procesador pétreo eficiente en el registro de los equinoccios y solsticios. La idea del ángulo y el fundamento del compás. El sutil indicio de la inclinación planetaria, la proximidad a los 23 grados desde ese punto central al almacenamiento del verano y del invierno.

Si reconstruimos el diagrama orbital junto a la inclinación planetaria y exageramos la figura de un obelisco respecto a una estación seleccionada, plasmamos la sombra que ella arroja, obtendremos una idea aproximada en torno a la incidencia solar en ese solsticio o equinoccio. (figura 4)

De la elaboración de los dispositivos empleados en la simulación de la ubicación solar se puede deducir que de la extensión de las líneas es factible deducir las temperaturas imperantes en su respectivo solsticio. Las del verano se divisaran extensas a diferencia de aquellas asignadas a invierno, las últimas se mostraran más cortas. (figura 5)

Las constelaciones pertenecientes al zodiaco trazan sus trayectorias emulando el avance de la esfera solar, comparten un sendero afín. Allí donde el sol se sumerge o bien se eleva, servirá de heraldo a una constelación especifica. "el sol ingresa a la casa de un signo", las palabras que en algún momento

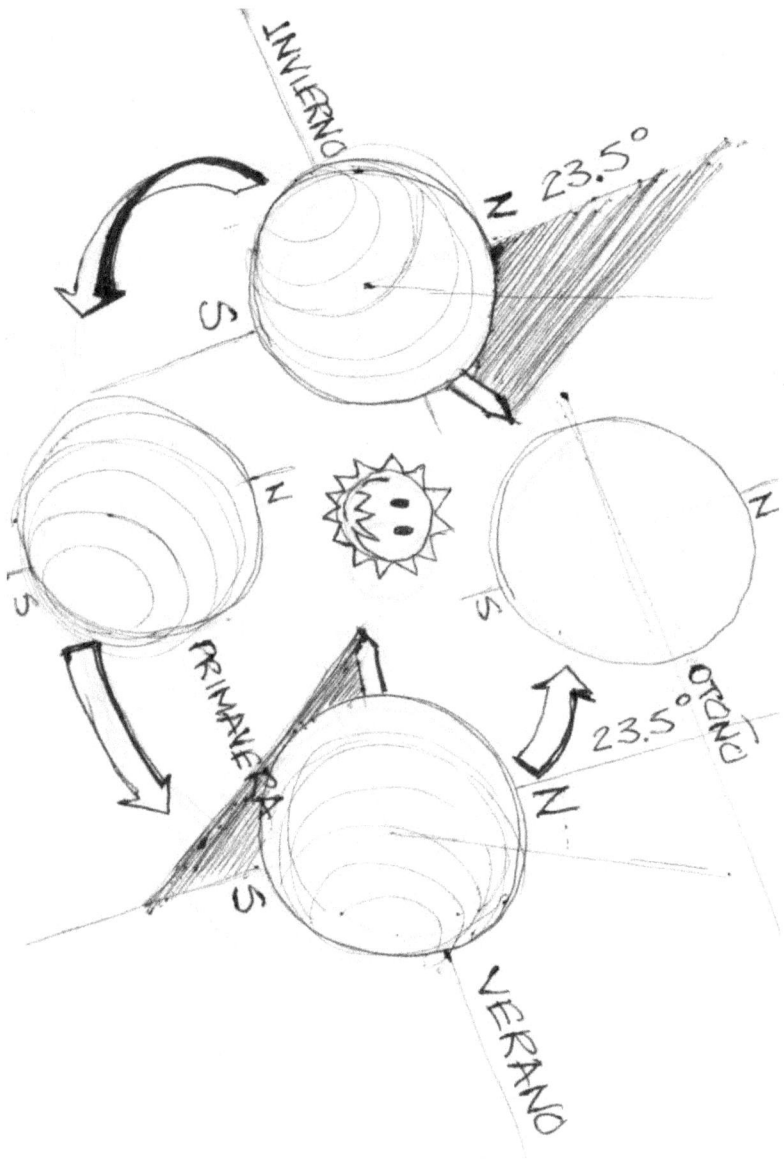

Figura 4. Exageración conceptual de la incidencia solar en las estaciones criticas.

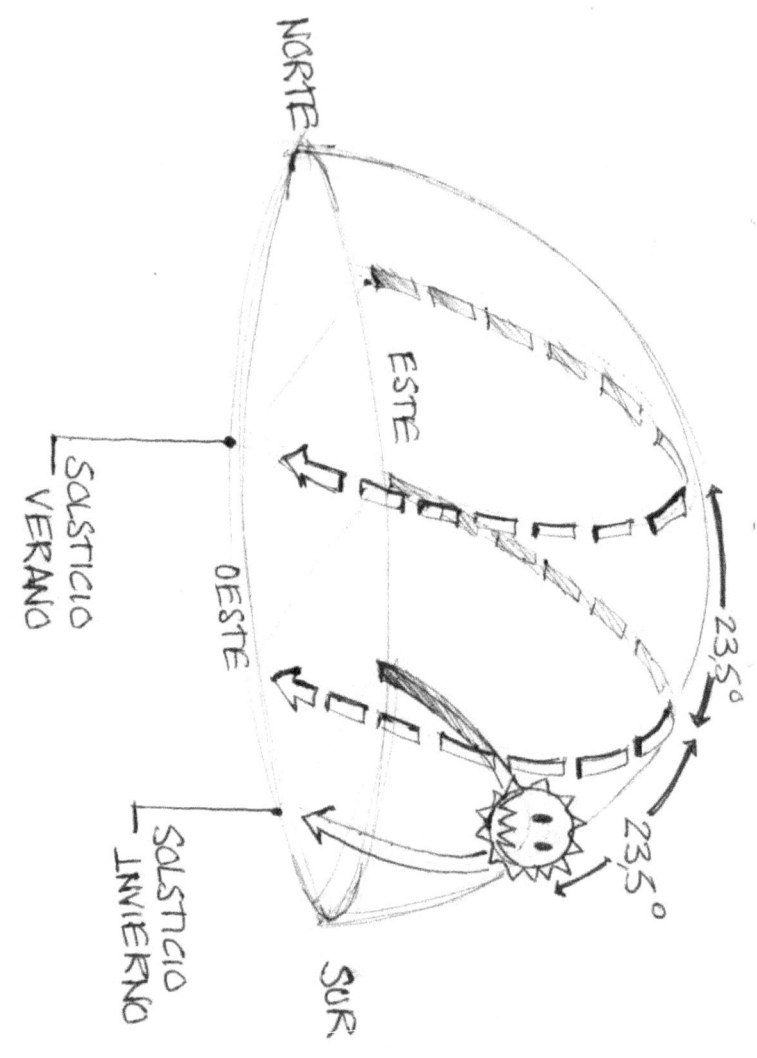

Figura 5. Extensión de las líneas y correspondencia a temperaturas imperantes al curso de una estación.

pronuncio la astrología, palabras moduladas en el misticismo, contenidos cifrados en un misterio aparente. (figura 6)

Las trayectorias y avances que esbozan sobre el plano eclíptico contribuyen a la definición de un ciclo temporal: al año calendario. Sobre el arco que se yergue en la distancia el sol pautará un lapso preciso, un periodo limitado con relación a su estancia en el dibujo de la constelación. "los nacidos en el signo de..."

El satélite natural que orbita en torno al planeta, de revisarse su nombre en inglés se hallará una conexión con la palabra que se asigna al "mes". Una enorme cantidad de calendarios impresos adhieren los ciclos lunares a fechas calendario. Sus fases y rostros exponen el desarrollo útil en la definición de un patrón temporal, vestigios de ritos ancestrales concebidos en la antigua Babilonia y civilizaciones distantes que hallaron un lugar de encuentro y múltiples conexiones en los motivos y danzas impresas en la colosal bóveda celestial. Son las siete luminarias, cuerpos astrales visibles y evidentes los que definen de igual manera la clasificación de los siete días que componen la semana. El nombre de una deidad enlazada a la voz que se esculpe en un altar remoto, en áureos u argentos atavíos. (figura 7)

El conocimiento de la mecánica celestial sirve a diversas sociedades a la inserción de un orden y organización ligada al tiempo. Instrucciones que responden a un estándar y a una serie de eventos en común, la anticipación a situaciones predecibles ligadas a cosechas e indicios de ubicación georeferenciada. Sobre el velo de los mares el único paisaje conocido se halla impreso en el firmamento. Sustento a toda carta de navegación en torno a los patrones y mecánicas

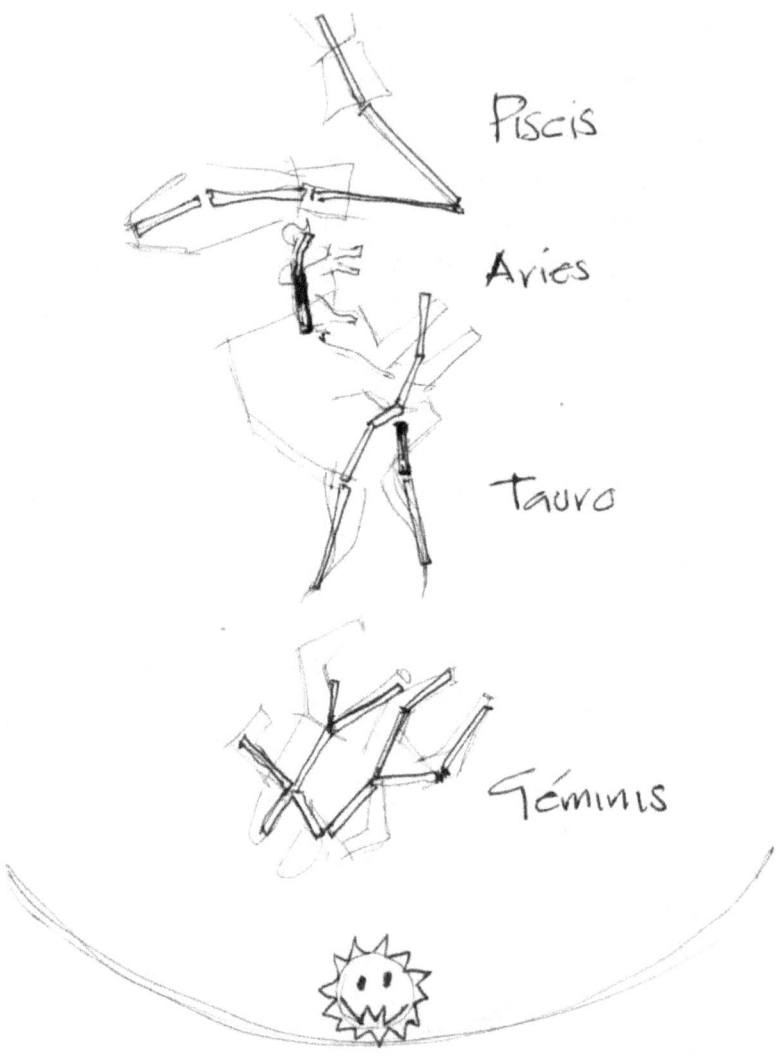

Figura 6. Adhesión del disco solar a un periodo calendario sobre el telón zodiacal.

Figura 7. Las siete luminarias o siete cielos contemplados por el mundo ancestral.

conocidas a la ligera o considerable variación, aplicada al plano eclíptico y las constelaciones a él adheridas.

Si perseguimos el equivalente a los colosales dispositivos pétreos que hemos mencionado en un contexto contemporáneo, encontraremos el Very Large Array (VLA) en nuevo México. (figura 8)

En antaño fueron Nabta Playa, El calendario de Adam en África del Sur, Jantar Mantar, Los montes de Golam, Stonehenge, Las pirámides Egipcias y los complejos edilicios en Mesoamérica, entre muchos. En un contexto moderno las antenas colosales que apuntan sus corazas allí donde ojo alguno había incursionado, de los dispositivos terrestres a aquellos que orbitan en torno a nuestro planeta, magnificas obras de ingeniería que responden a un propósito loable. Sistemas que configuran tal como se perseguía en antaño: complejos sistemas de posicionamiento georeferenciado, tal como El GPS (Estados Unidos), el Glonass (Rusia) y el BeiDou (China).

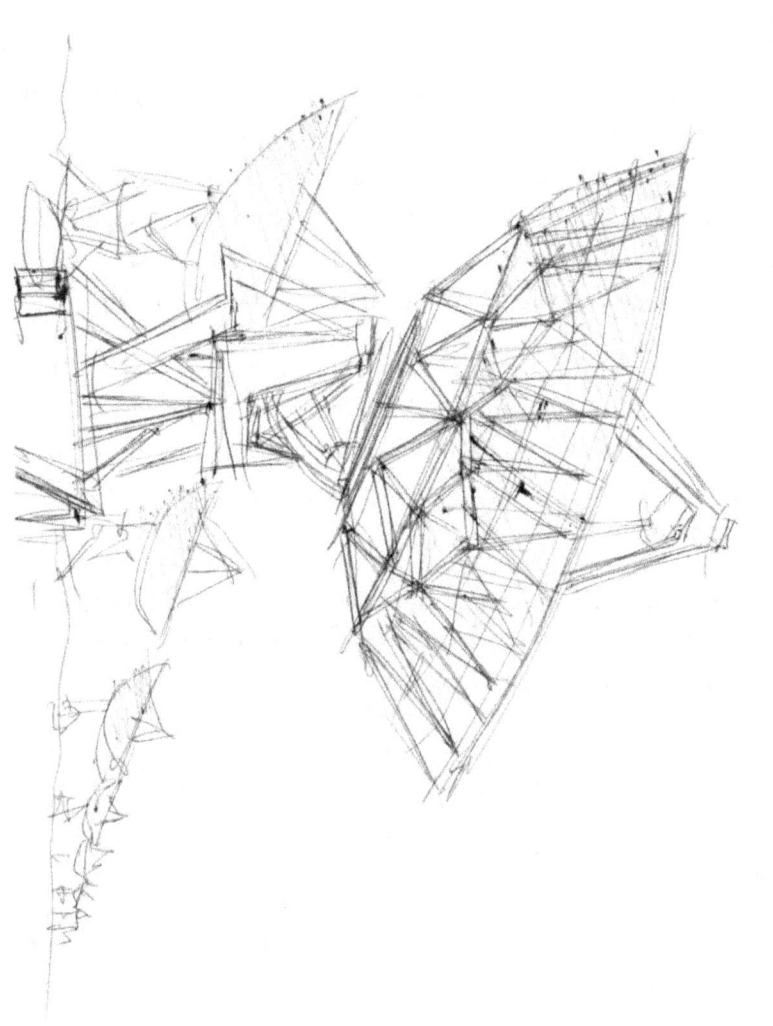

Figura 8. Very Large Array (VLA)

2 ORIGENES DEL CEREBRO CIBERNETICO

El Eniac construido e instalado en la Universidad de Pensylvania (Estados Unidos) artefacto o dispositivo con una descomunal capacidad de computo capaz de emitir una respuesta en cuestión de dos horas en contraste a la labor de cien ingenieros y el requerimiento de un lapso de un año para emitirla valiéndose de métodos convencionales para ese contexto.

El caballo de fuerza como un patrón de medida para la ejecución de una labor puntual y la inserción del concepto en el motor de combustión, la fragua que condensa el portentoso genio que arde y se agita y responde a un esfuerzo programable.

La domesticación de la fiera saeta que rasga el firmamento en el filamento de cobre y nutre el organismo artificial que torna toda idea en su manifestación tangible.

Cronos devora sin misericordia alguna, suele avanzar enceguecido y nada le resultará esquivo. La obra de Peter Pan le representará como el indómito cocodrilo que anhela triturar a toda criatura.

Las más grandes riquezas suelen obtenerse de la mente humana, el fuego concedido por Prometeo hace eco al ingenio de la especie y la sutil voz del espíritu que se redefine de manera constante.

La comprensión de todo fenómeno a través de la mimesis o imitación, la identificación de los patrones y constantes, la articulación renovada de una descomunal tropa de principios con el propósito de superar imposibles.

El sonido traducido en un componente tangible, la voz convertida en cifra y carácter, el orden que confiere una organización a múltiples procesos reflexivos. El idioma que se traduce en software, componente etéreo y visible de un porcentaje de todo procesamiento mental. Base fundamental de diversos canales de comunicación, voces inmortales que se encienden con el propósito de re esculpir su cuna y sus matrices.

Idiomas que definen y trazan fronteras invisibles en apariencia, consolidan territorios y bajo su emblema articulan banderas e imperios.

Los colectivos o grupos de personas se exponen a modo de un hardware complejo, las sinergias con su cultura, sus costumbres, visiones, maneras de ver el mundo se elevará como el software etéreo que se hace tangible a través de sus expresiones, gestos y demás.

Anticipar los flujos y resultados temporales demanda una capacidad puntual de análisis y comprensión, demanda el dominio del tiempo, la predicción de una secuencia de eventos. Los procesos de abstracción facilitan la síntesis de una vasta complejidad y una inmensa cantidad de detalles que pueden excluirse en aras de la eficiencia del proceso. Obtenemos un software invisible, en apariencia, de la escritura y de los lenguajes matemáticos. Problemas y situaciones que se traducen a principios simplificados y se valoran bajo métodos eficientes.

Obtendremos el ábaco como un dispositivo de cálculo. (figura 9)

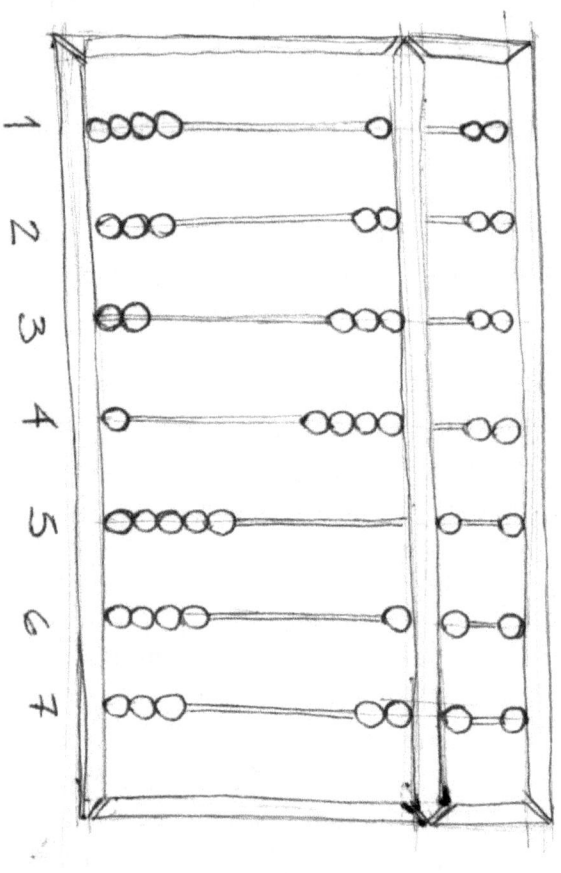

Figura 9. Ábaco.

La celeridad del proceso de cómputo y la expansión del almacenamiento de datos a modo de memoria visible.

Los huesos de Napier (figura 10)

La consolidación de un método ingenioso en un número especifico de problemas matemáticos. El complemento de un proceso mental con una proto-máquina.

El mecanismo de Antichytera (figura 11)

Un simulador de la mecánica descrita por los cuerpos celestes, un computador analógico del mundo occidental concebido por una civilización ancestral. El reloj que emula las dinámicas expuestas por la inmensa bóveda celestial filtrada en la síntesis geométrica de una gama de patrones. Un Stonhenge portátil y de bolsillo, si a través de sus principios le definimos como el primer computador del mundo occidental, debemos contemplar al mismo tiempo los monumentos que habilitaron el registro y, valga la redundancia: COMPUTO de mecánicas celestiales. De remitirnos a Nabta Playa, allí tendremos un computador pétreo. Las colosales pirámides revelaran sus rostros como un potente hardware elaborado en piedra.

La cultura popular revela en sus Westerns o aquellas películas del salvaje oeste al interior de sus tabernas un piano que se toca por sí mismo, sin intervención alguna. Un extraño embrujo opera de manera invisible en cada pulsión de un conjunto de teclas. Del principio digital, un escenario mecánico y la automatización de un proceso que excluye la intervención del operario. Hijos del espíritu industrial, concepciones del ímpetu maquinista, acudiría a nuestra mente los telares programables de Jaquard, primer indicio de las tarjetas perforadas y fundamentos de la era digital con un soporte lógico, la

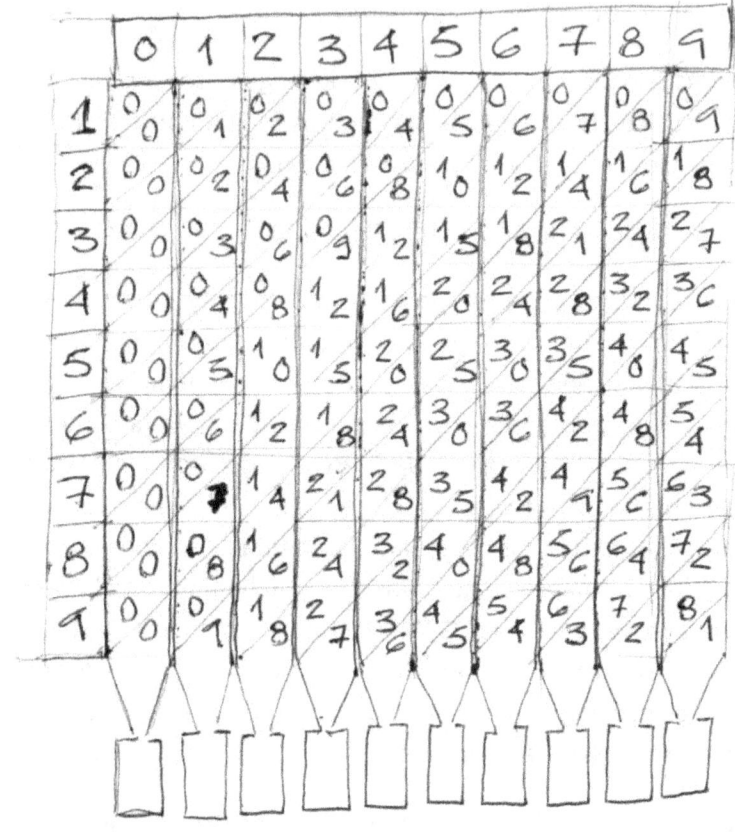

Figura 10. Huesos de Napier.

COMPUTADORES LABRADOS EN PIEDRA

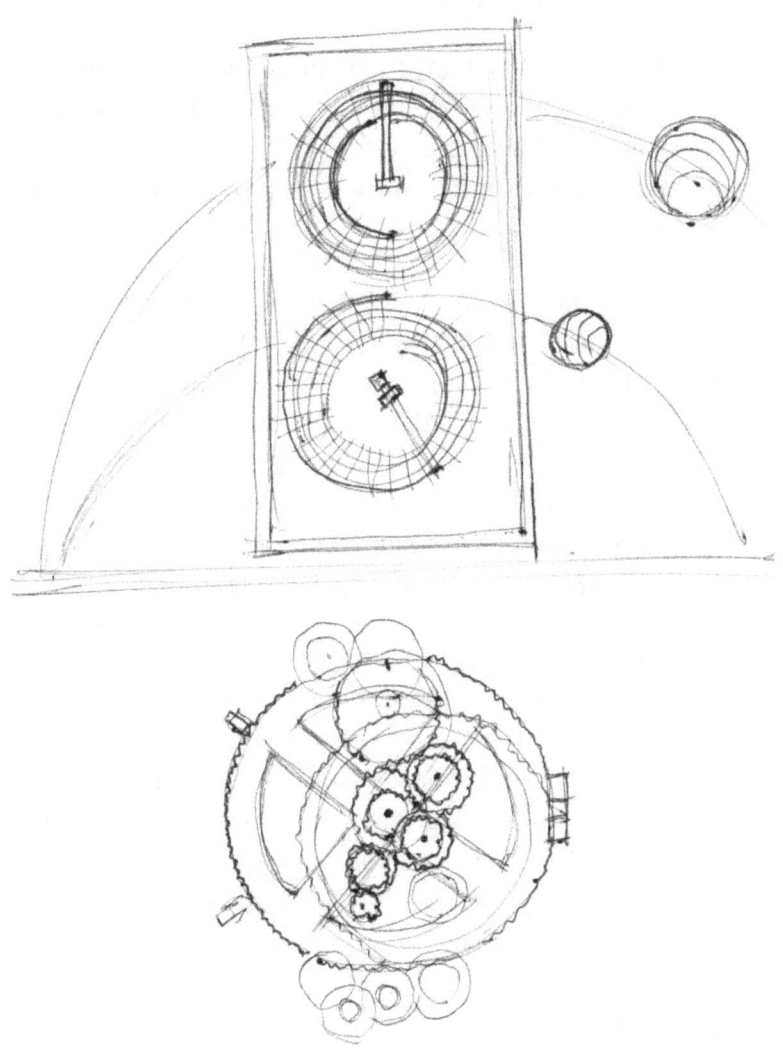

Figura 11. Mecanismo antichytera.

gestación de patrones intrincados y la similitud con una impresora moderna. (figura 12)

Retornamos a la pianola, instrumento que conoceríamos en el mundo antiguo como el órgano de agua, artefacto lúdico que condensa un conocimiento de avanzada en torno a los capítulos hidráulicos, conocido de igual manera como el hidraulophone. (figura 13)

Gutenberg integra la invención que pulverizaría el libro de piedra, desde la perspectiva del gran Víctor Hugo, visión expuesta en Nuestra señora de Paris. Gutenberg consolidaría el génesis del mundo industrial. La técnica de ensamblar un conjunto de sellos y caracteres tipográficos bajo el principio rector del estándar. La combinación de sellos o de igual forma datos almacenados en una pieza, similar a un dispositivo de almacenamiento masivo en pequeña escala. (figura 14)

El órgano se perfecciona y al interior de la catedral le redefiniría el nuevo influjo de la emergente visión industrial. Leopold Mozart construiría un órgano programable para el arzobispo de Salzburgo, Austria alrededor del año 1500. Si buscamos una pequeña caja musical y volcamos la atención a su interior, hallaremos el principio genérico de lo expuesto por el artefacto de Leopold. Musurgia Universalis, cuyo autor es Athanasius Kircher, en sus páginas dará a conocer un órgano que opera con los principios de automatización junto a una fuente de energía accionada por el agua. Los ancestros del pistón que se estremece salvajemente en los motores a combustión ya se encontraban latentes en una serie de artefactos del mundo antiguo, de forma recurrente en aquellos que eran impulsados por una fuente continua de agua.

Figura 12. El telar de Jaquard, germen de las tarjetas perforadas (indicio de un software elemental)

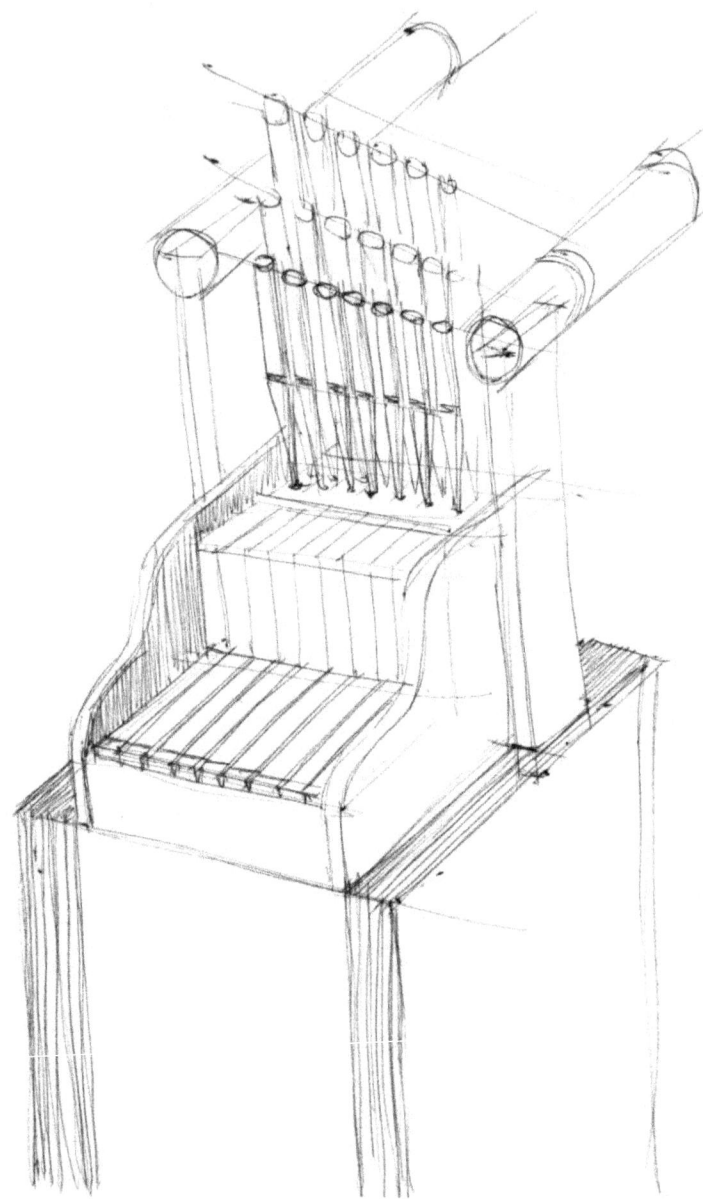

Figura 13. Órgano que opera con principios hidráulicos.

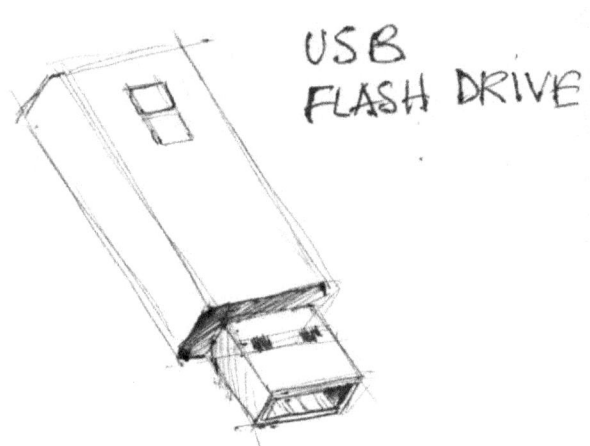

Figura 14. USB y su equivalente ancestral (sello antiguo).

Procesamiento y respuestas, traducción de realidades en una expresión sintética, son los términos que emanan de un computador. De la interacción y una labor programable, el control de un musculo mecánico gesta un nuevo término: Robótica. El órgano en mención equivale un dispositivo de avanzada, la continuidad de la escuela y la visión de autómatas de Hero de Alexandria. La combinación de múltiples invenciones orientadas por un propósito de diseño, allí donde la ingeniería y el arte convergen.

La resurrección de las culturas clásicas en el Renacimiento, el retorno al pensamiento enciclopédico y la exploración constante ofrecerían la evolución de postulados ancestrales. De las prodigiosas invenciones de los grandes maestros Renacentistas, nos detendremos a contemplar una versión genérica de lo que actualmente denominaríamos como un UAV o vehículo autónomo no tripulado (realizando la traducción). La imagen esboza un carruaje que carece de la convencional tracción animal, con relación a su contexto. (figura 15)

Un vehículo que atiende a un mecanismo análogo, obedece de manera diligente a la programación inserta en su conjunto de piezas. Incluso, debemos subrayar la ausencia de su tripulante o conductor.

Charles Babagge, ofrecería un inapreciable tesoro con su máquina analítica, un potente computador análogo que describe una fascinante danza cinética, una sinfonía de movimiento ante el influjo matemático y la descomunal capacidad de procesar un caudal de información. Una joya de ingeniería retenida en los mausoleos de un conjunto de diagramas. (figura 16)

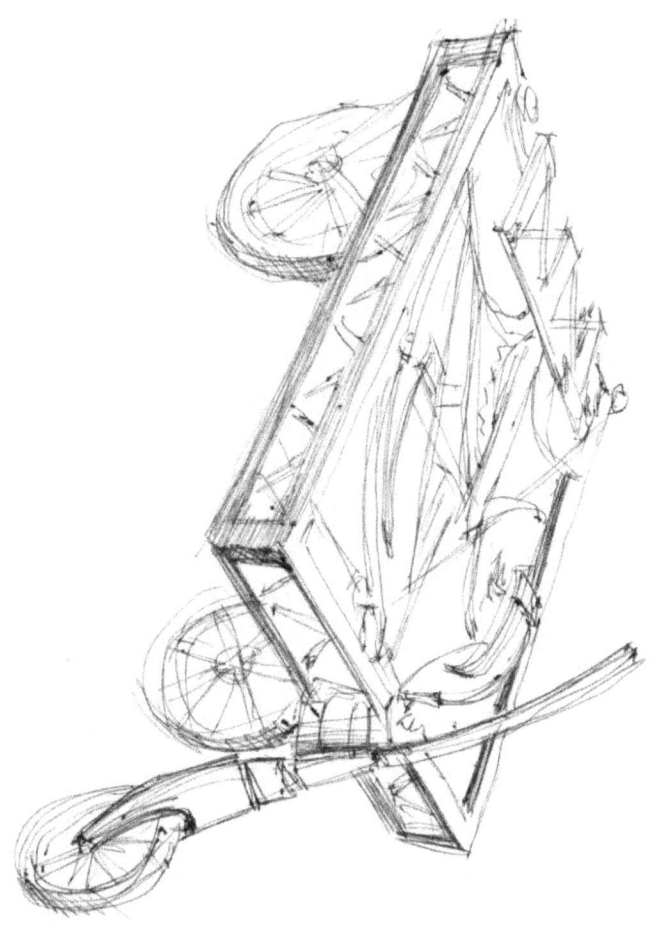

Figura 15. Carro autónomo, invención de Leonardo Da Vinci.

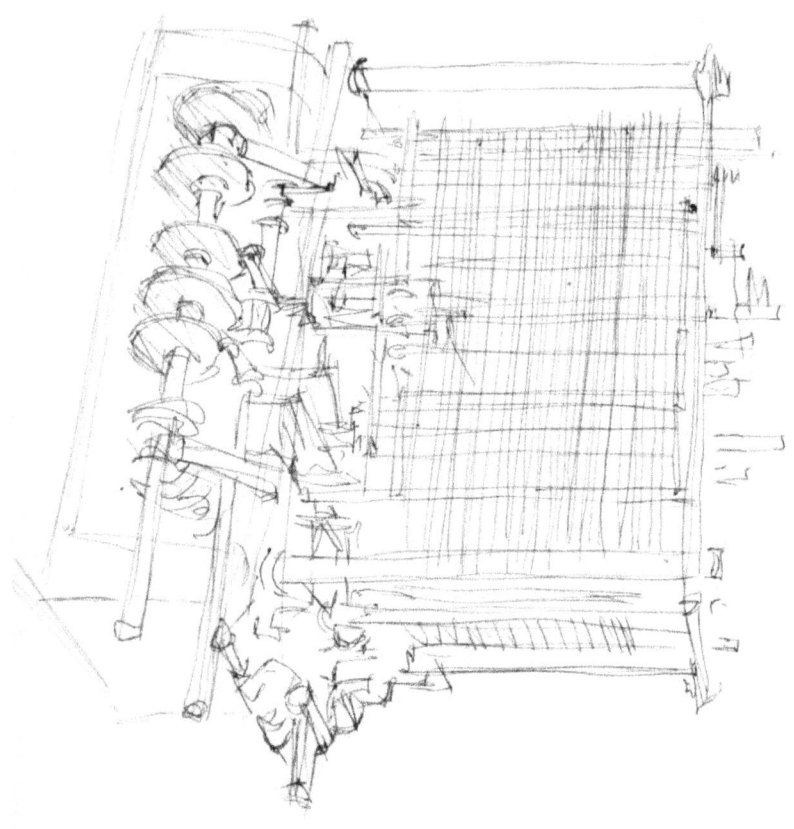

Figura 16. Computador análogo Charles Babagge.

El portentoso cerebro mecánico que dibuja todo proceso en el accionar de sus células y componentes. Nos hallaremos ante una de las más grandes obras arquitectónicas ofrecidas a la humanidad.

Algunos podrán argüir: ¡vemos una maquina!

Responderemos, las construcciones megalíticas, pirámides y afines, consolidaban registros astronómicos, operaban de manera conjunto a la tabulación de un tiempo cósmico y astral, los definiremos como computadores en piedra, monumentos concebidos con el propósito de registrar un tiempo y una ubicación, enlazar los cielos y firmamentos distantes con nuestra tierra tras obtener el dominio y comprensión de sus patrones y mecánicas.

La duda puede persistir.

Ahora, toda obra arquitectónica parte de un problema a resolver, un contexto dado, un número de usuarios a albergar con un conjunto de condiciones fisiológicas y percepciones diversas, ¿Cuál es el punto de partida de todo proyecto? ¿Qué acaso no convertimos esos problemas formulados en cifras matemáticas? ¿Cuál es el contenido de un programa arquitectónico? ¿Qué no estamos al frente de un conjunto de cifras y números? ¿Qué acaso el arquitecto no debe procesar esas cifras para generar su consecuente traducción geométrica y espacial?

Si desmantelamos una maquina, daremos lectura a un ingenioso proceso de organización y distribución de componentes, en conjuntos o como piezas aisladas que responden a una estructura genérica e interactúan para potenciar labores y funciones especificas, un vasto número de componentes que revelan batallas –si observamos más allá de lo que se torna evidente- , triunfos, logros y conflictos resueltos gracias a la sumatoria y progreso de una inteligencia colectiva.

La herramienta que esculpe al mundo y la mente que la utiliza.

3 DIAGRAMAS SOLARES

Breve reseña en torno a la construcción de un soporte conceptual referido a las mecánicas celestiales e incidencias del astro rey.

Nuestra perspectiva orgánica frente a las dinámicas del mundo establece una percepción puntual que ignoraría de primera mano las condiciones gravitatorias. Fortalece las visiones geocéntricas: todo faro astral orbita en torno a nuestro hogar planetario. Del movimiento y el abandono de un lugar a la aventura que se dilucida en tierras remotas, surgen las premisas genéricas en torno a la redondez planetaria.

Eratóstenes valida su premisa a través de un escenario experimental, el solsticio de verano en Siena (actualmente conocida como Asuán) el sol se dispone sobre la vertical a diferencia de Alejandría, en cuya estación da sombra. (figura 17)

Le permitiría realizar un cálculo trigonométrico y obtener en consecuencia un estimativo en torno a las dimensiones planetarias.

El zodiaco revela los cimientos de la astronomía, inmersos en la mística y las figuras legendarias como soportes al almacenamiento de una información útil en la regulación y establecimiento de los calendarios, son estos últimos los que exponen la definición de lapsos de tiempo mediante el avance de la esfera solar adherida a una constelación en la profundidad de su telón de fondo. (figura 18)

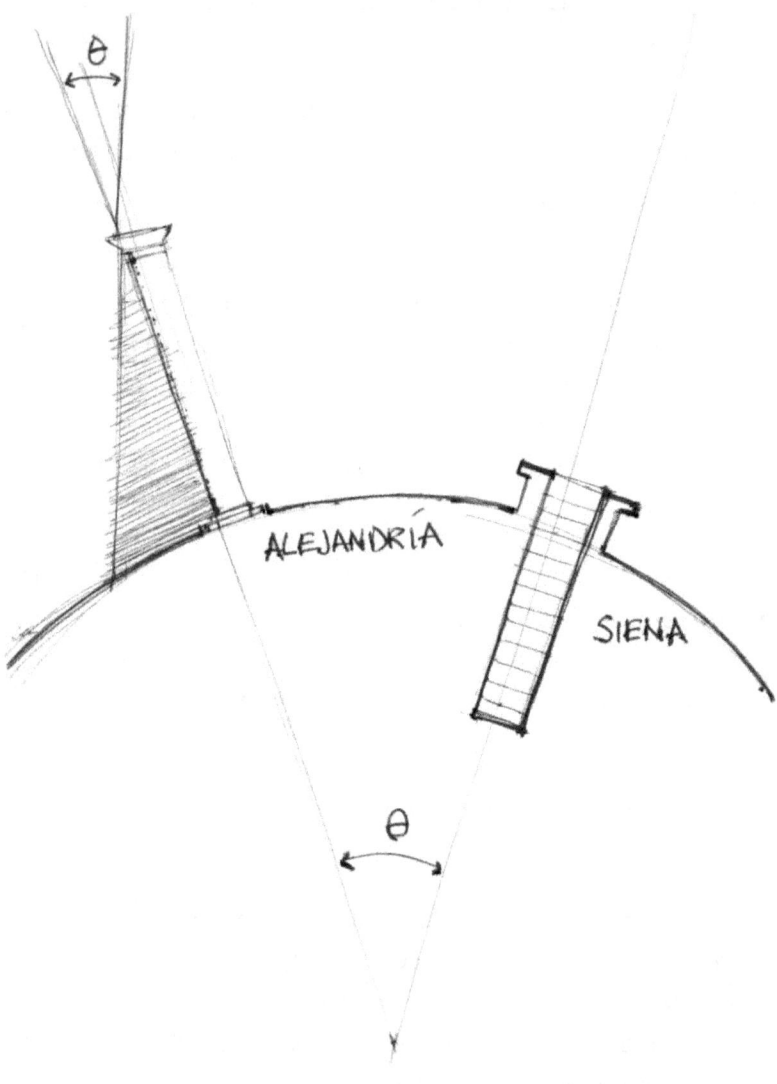

Figura 17. Deducción de la esfericidad planetaria a través de las sombras en dos puntos con latitudes diferentes

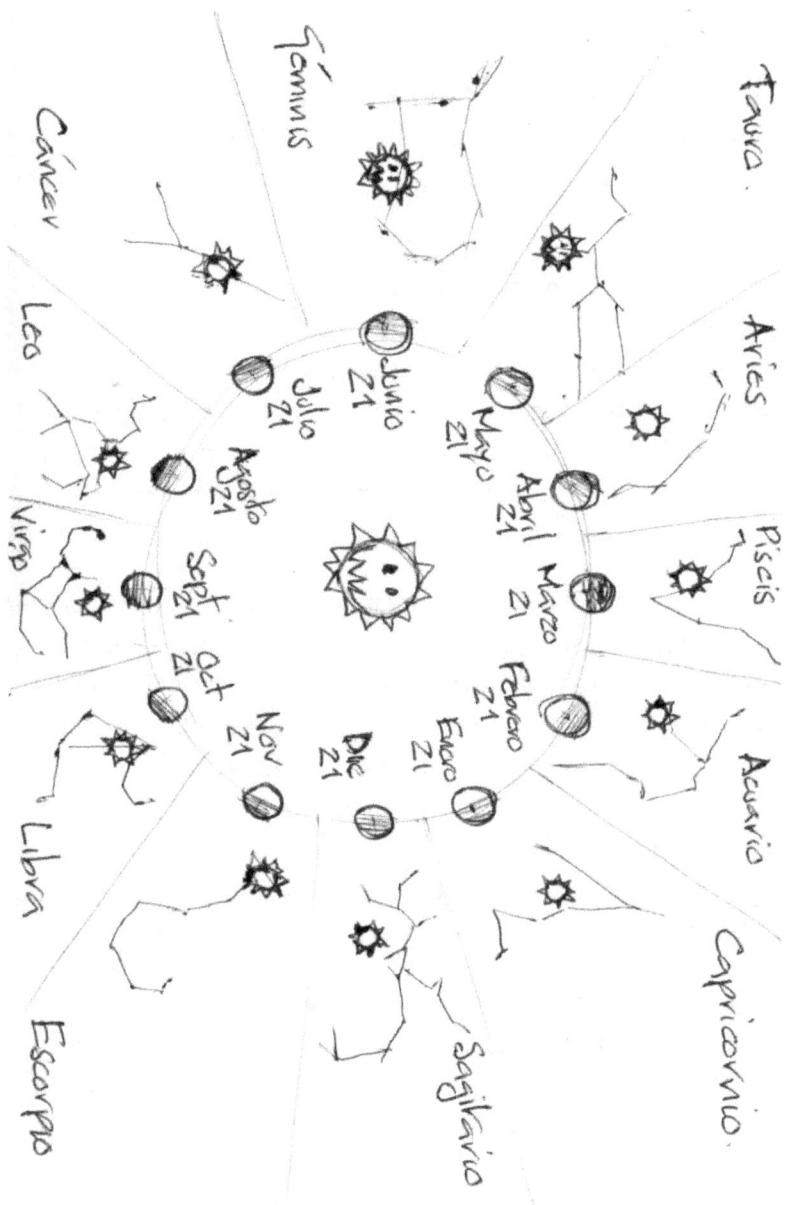

Figura 18. Constelaciones zodiacales y referencias solares en la definición de un calendario.

La traslación planetaria, abordando las visiones de Eratóstenes nos ayudaría a exagerar el comportamiento de las sombras e incidencia solar en la transición de las estaciones y solsticios. (figura 19)

Un modelo conceptual genérico invitaría a la simulación de un arco o un transportador. Donde el sol nace tendríamos los 0 grados. Al medio día tendríamos los 90 grados. Cuando se oculta lo haría sobre los 180 grados. Las horas complementarias surgen de la extrapolación de los grados intermedios. La línea que se traza desde el centro al grado y hora indicada es el que solemos integrar a los distintos problemas de diseño. (figura 20)

La elaboración del diagrama demanda la inclusión del primer dato sobre la base de la latitud formulada. Si nos hallamos en el norte, lo sumaremos hacia el lado contrario como una manera de ajustarlo al cenit. Tan pronto quede plasmado el ángulo en mención procederemos a anexar los 23 grados (inclinación planetaria y artífice de las variaciones climáticas en cada solsticio) en dirección norte y en dirección sur. Estos ángulos los construiremos trazando paralelas al primer ángulo, allí donde se definen los equinoccios. (figura 21)

Nos hallamos ante el trasfondo conceptual de los antiguos monumentos arquitectónicos concernientes al procesamiento de las mecánicas celestiales. El sol en el horizonte y al curso del año revelará un comportamiento afín a un péndulo. El nacimiento a partir de un equinoccio y su desplazamiento en dirección al punto que anuncia un solsticio (sea el de verano o el de invierno) expondrá el ángulo de la inclinación del eje norte-sur del planeta.

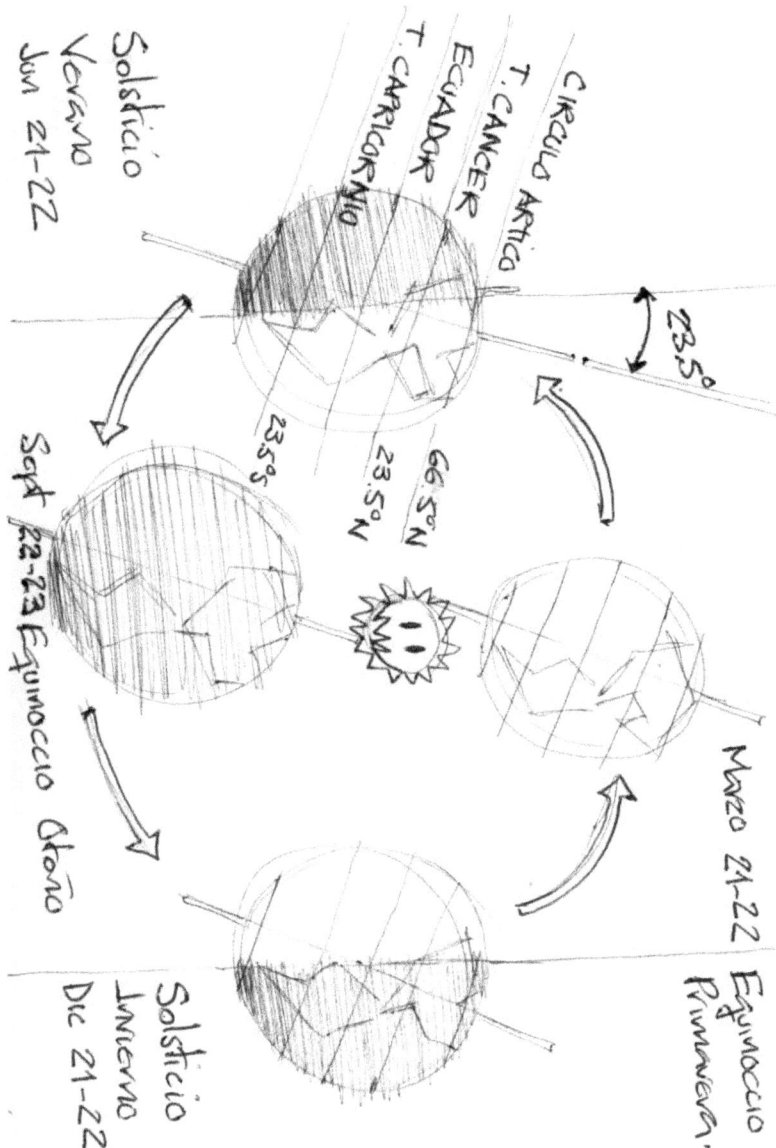

Figura 19. Estaciones y relación de sombras con latitudes (líneas paralelas)

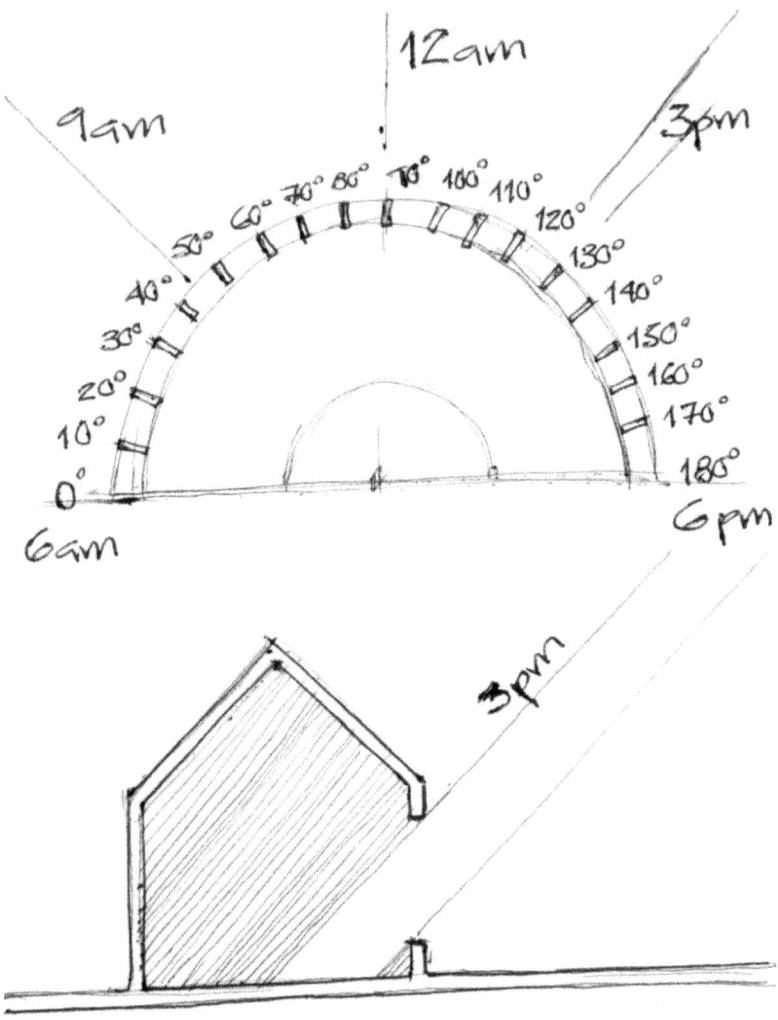

Figura 20. Horas extrapoladas a los ángulos de un transportador.

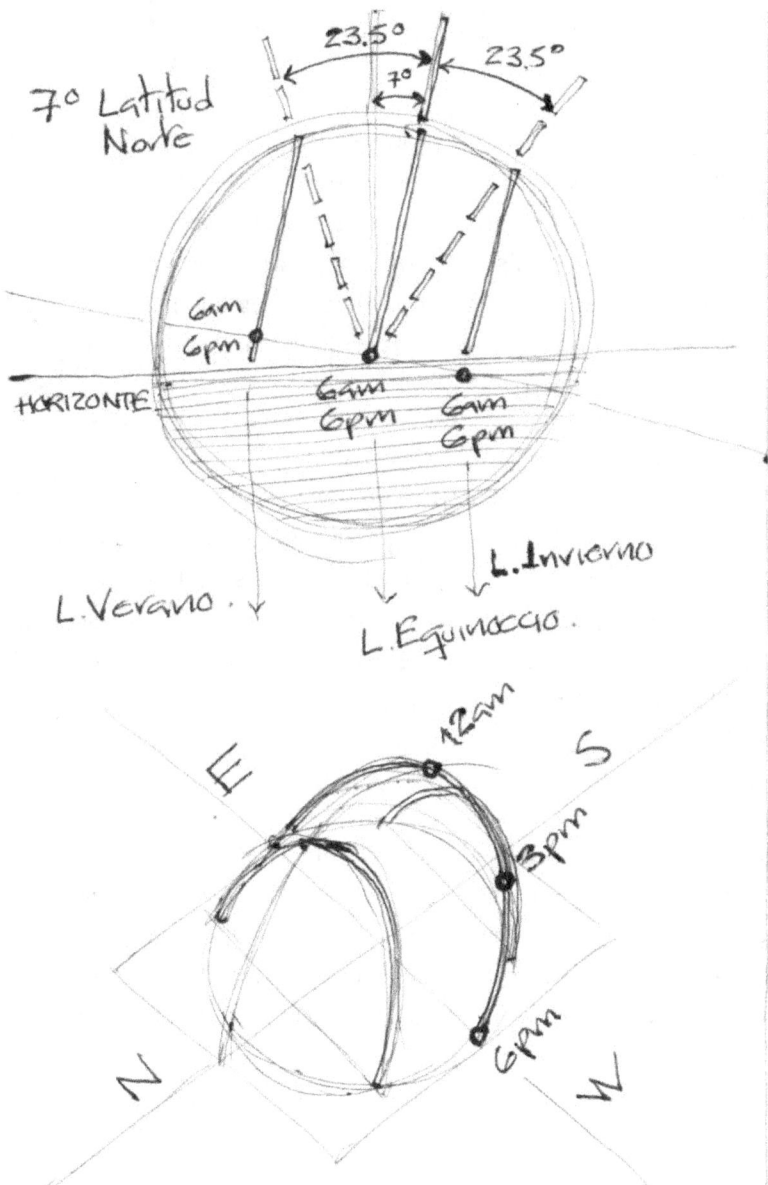

Figura 21. Ejemplo con la ubicación de 7 grados latitud norte. 23.5 grados corresponden a la inclinación planetaria.

4 EL MODULOR, HACKEADO

Se plasma la figura de un gran general en un relato, cuando el periodista acude a realizar la entrevista solo percibe una voz, comanda a su sirviente para ensamblar unas cuantas piezas diseminadas en el piso. Al concluir la operación, se yergue la figura del general en mención. El relato es invención de Edgar Alan Poe. "El hombre que se gasto" (the man that used up).

Efectuamos un ejercicio que evoluciono de manera progresiva, específicamente para la asignatura de composición básica (Arquitectura). Orientado a asimilar una serie de conceptos elementales mediante el uso y aplicación de la malla poligonal sobre el brazo de una persona. La antítesis de la masa fluye a modo de espacio, las líneas se exponen como secciones transversales y longitudinales registrando una secuencia de huellas geométricas, la intersección de cada arista expone una serie de puntos en un escenario tridimensional y aflora la noción del punto. (figura 22)

De la mano y el brazo abordamos el rostro humano, capítulos que demandan una complejidad formal y geometrías poco convencionales. Llegamos a la captura de la totalidad del cuerpo a través de la inserción de los capítulos concernientes a las mallas poligonales. Un material tan endeble como el papel exige formulaciones técnicas puntuales junto a la integración de componentes estructurales afines a una serie de planos sobre su superficie.

El método deriva de los pioneros de los gráficos computarizados, Ed Catmull. Bukminster fuller comparte un método adecuado para el abordaje de geometrías complejas

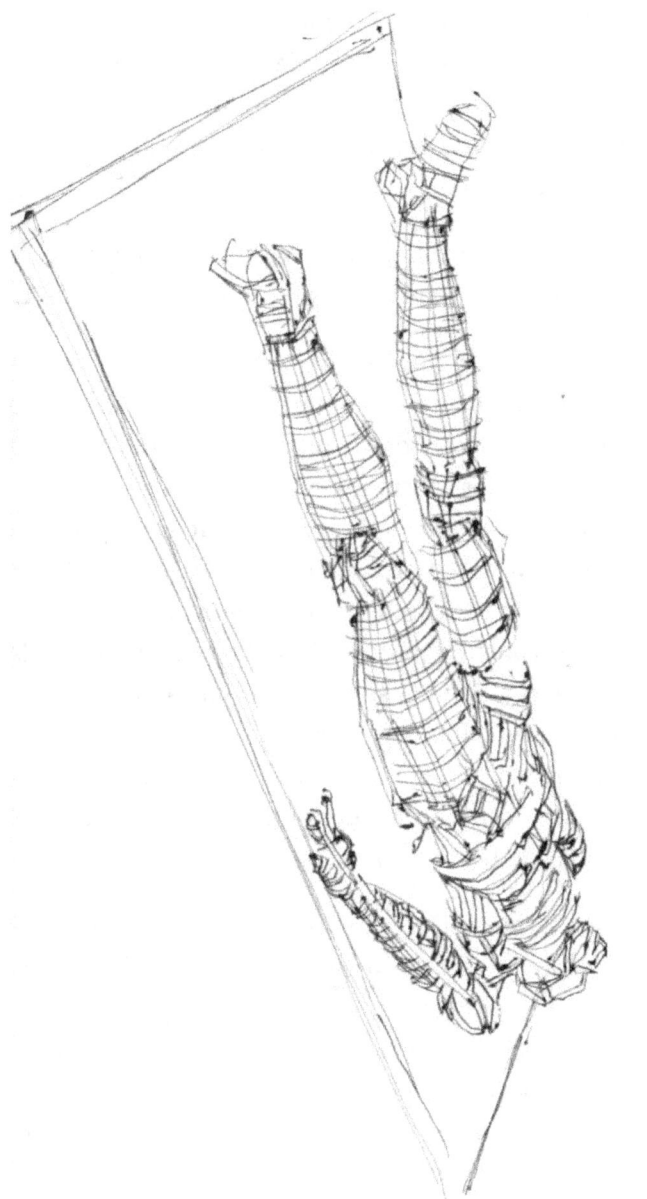

Figura 22. Malla poligonal abarcando la totalidad de un cuerpo humano.

mediante la integración de un componente modular y la lectura poligonal enfocada en la síntesis del plano en la figura de un triangulo. Ed Catmull lo aplica para la elaboración digital de su mano, inicialmente en una estructura alámbrica, inserción de planos y suavizado de los bordes de la figura. (figura 23)

Las visiones de los grandes maestros convergen en la exhibición titulada: " El hombre que se gasto". (figura 24)

La expresión japonesa "una novela de 4 mats y medio" cuyos protagonistas se refieran a un hombre y una dama, ha de deducirse como la manifestación de un ambiente romántico. El área mínima donde dos personas pueden convivir y cuyo componente modular estará dado por el mat o tatami, sus dimensiones atienden a una profundidad de 180cm por 90cm de ancho. Área mínima para disponer a una persona en la actividad del descanso. Ahora, si nos remitimos a la correspondencia aurea de la base del suelo hasta la altura del ombligo de la persona (hombre anglosajón), definida en el modulor como 113cm. Toda la construcción del modulor responde a la superposición del cuadrado en mención con un equivalente de 226cm. (figura 25)

Toda proposición arquitectónica, todo objeto de diseño que implique la interacción con un ser humano, demanda la integración de un conjunto de pautas y parámetros antropométricos. Sus actores, sus modos de operar y comportarse nutren y sustentan la consolidación geométrica de sus respectivos escenarios. El sistema métrico ante la coyuntura política y establecimiento de un nuevo orden distante a las seniles monarquías sepulto temporalmente el legado humano subyacente en el conjunto de medidas que de este deriva.

Las formulaciones arquitectónicas de LeCorbusier,

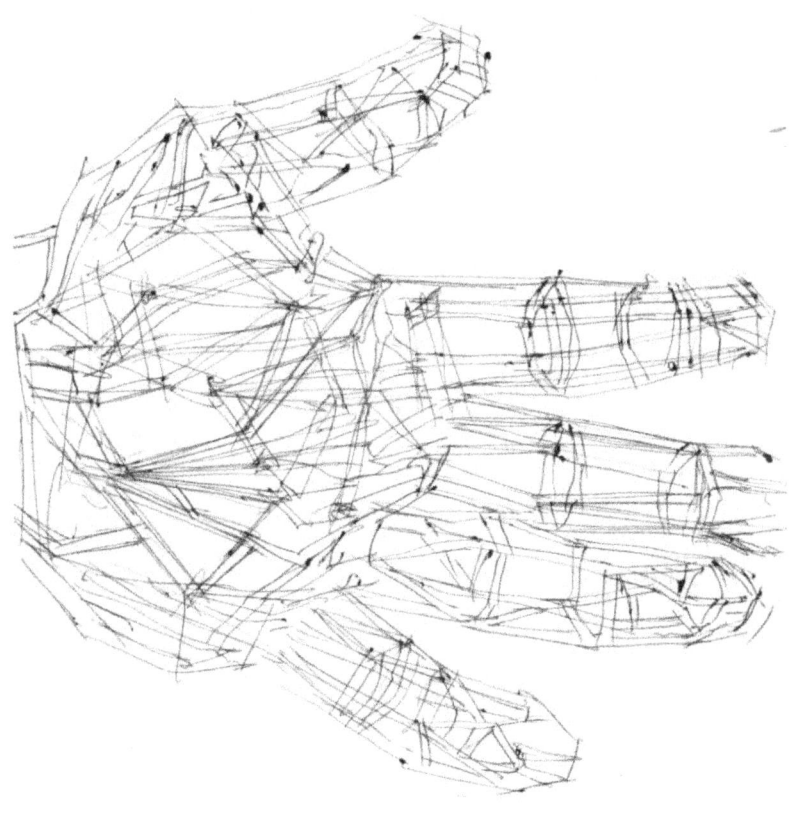

Figura 23. Malla poligonal aplicada a la mano, por parte de Ed Catmull

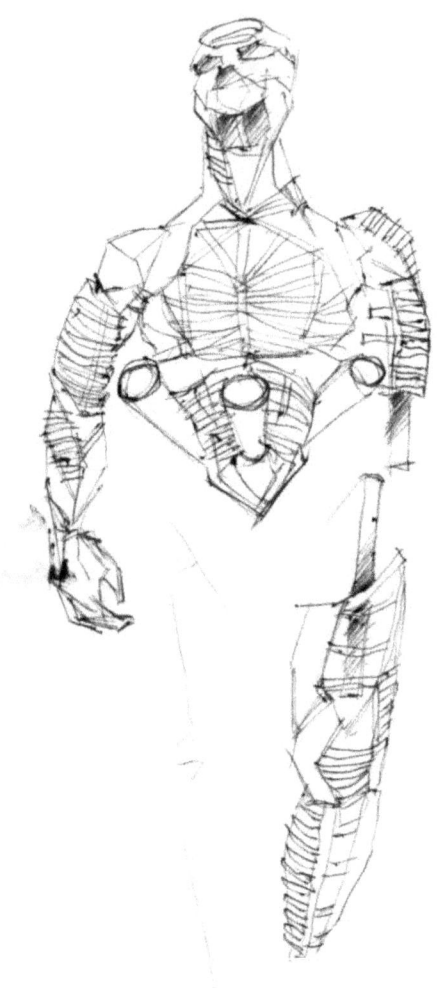

Figura 24. Escultura alegórica a la obra: El hombre que se gasto.
Edgar Alan Poe

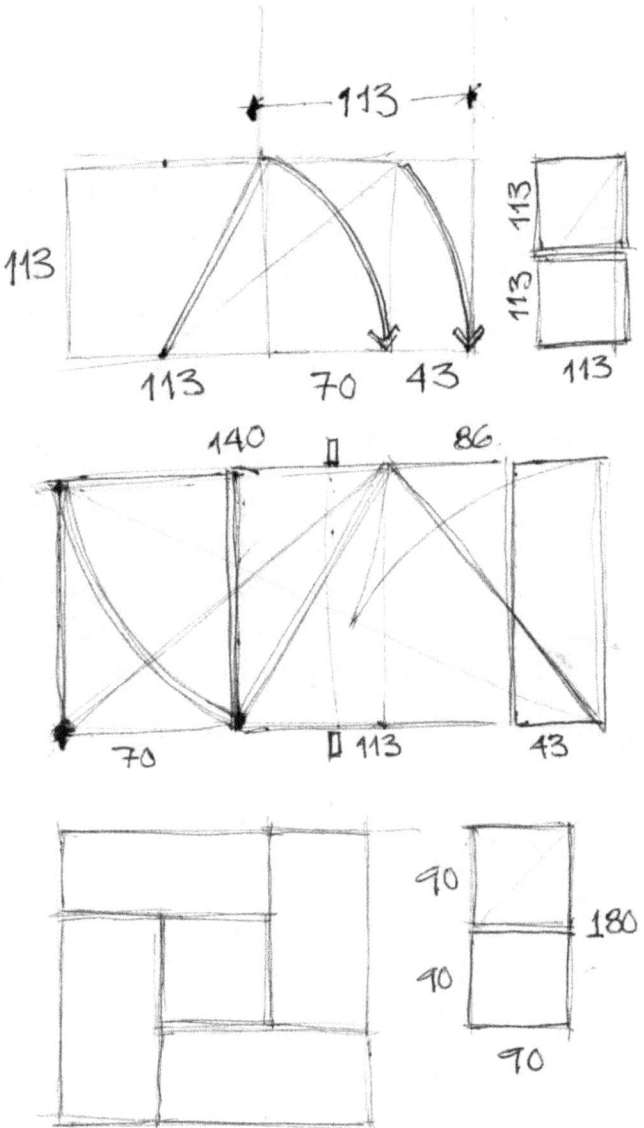

Figura 25. El modulor confrontado a los patrones modulares de una vivienda japonesa.

específicamente en la Unidad Habitacional de Marsella, consignada en el tratado del modulor. Expondrá el método de ensamblar múltiples espacios, sincronizar diversos componentes modulares derivados del sistema de medidas que asume como protagonista central al hombre anglosajón, punto crítico en el alcance universal de una propuesta de diseño. Debemos recordar que previamente lo elabora con una persona de 173 cm. Todas las medidas las derivará con la excepcional herramienta de la regla de oro, el legado matemático de Fibonacci. La cifra que gira en torno a los 1.618, múltiplos y submúltiplos, correspondencias y ensambles armónicos. (figura 26)

Al revisar ábacos ancestrales junto a herramientas de cálculo, hallamos un sistema de cómputo que suele contemplar la convención de la cifra 5 en su parte superior y la configuración de múltiples cifras a partir de la base en mención. (figura 27)

El sistema de numeración y cómputo de la civilización Maya ofrece la figura de una línea horizontal como estimativo de la cifra del cinco, puntos en su parte superior expresaran unidades y su agrupación total expresara una cifra.

Nos hallamos ante un proceso de síntesis numérico que debe nacer a partir de la herramienta inmediata a nuestra especie: la mano humana y sus cinco dedos.

La mano humana le ofreció un conjunto de patrones dimensionales a civilizaciones de antaño. (figura 28)

El factor de la escala biológica aplicada a un rango de acción especifico, a un conjunto de dimensiones afines al instrumento inmediato –mano-

COMPUTADORES LABRADOS EN PIEDRA

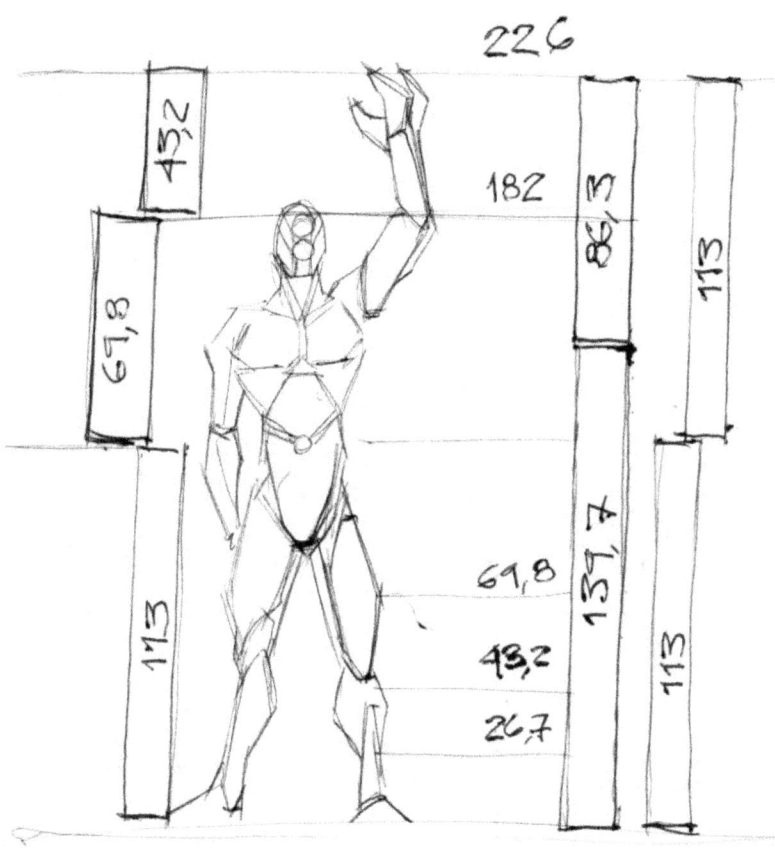

Figura 26. Despliegue dimensional del modulor (múltiplos y submúltiplos con base en el 1.618)

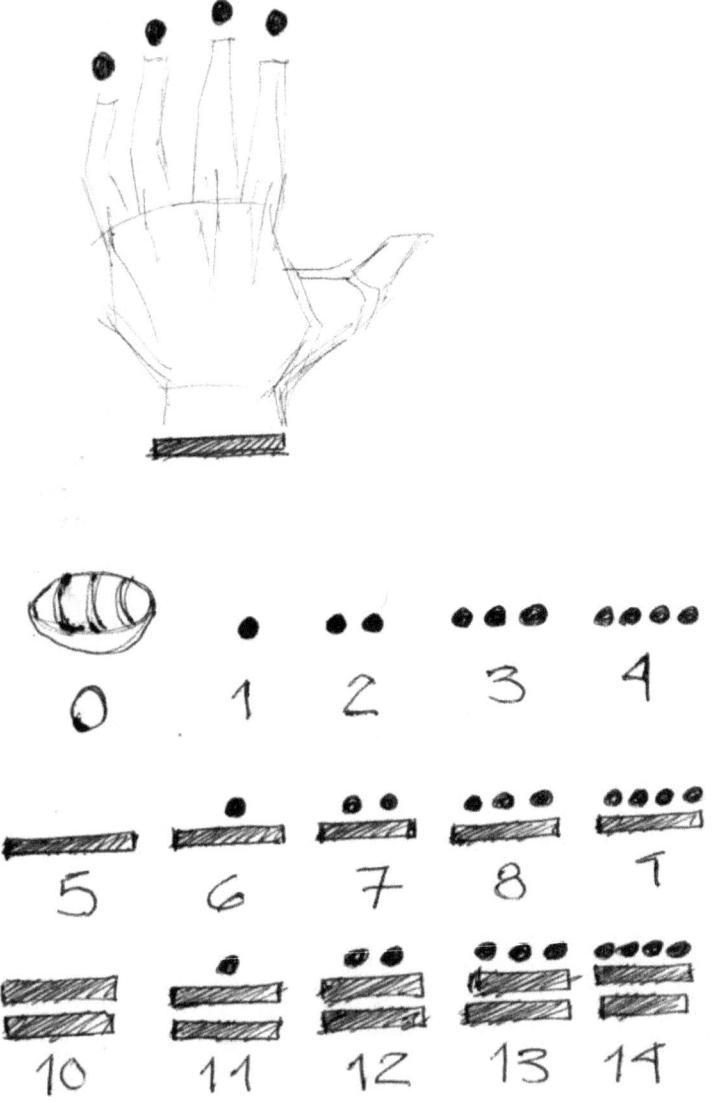

Figura 27. Sistema de numeración Maya.

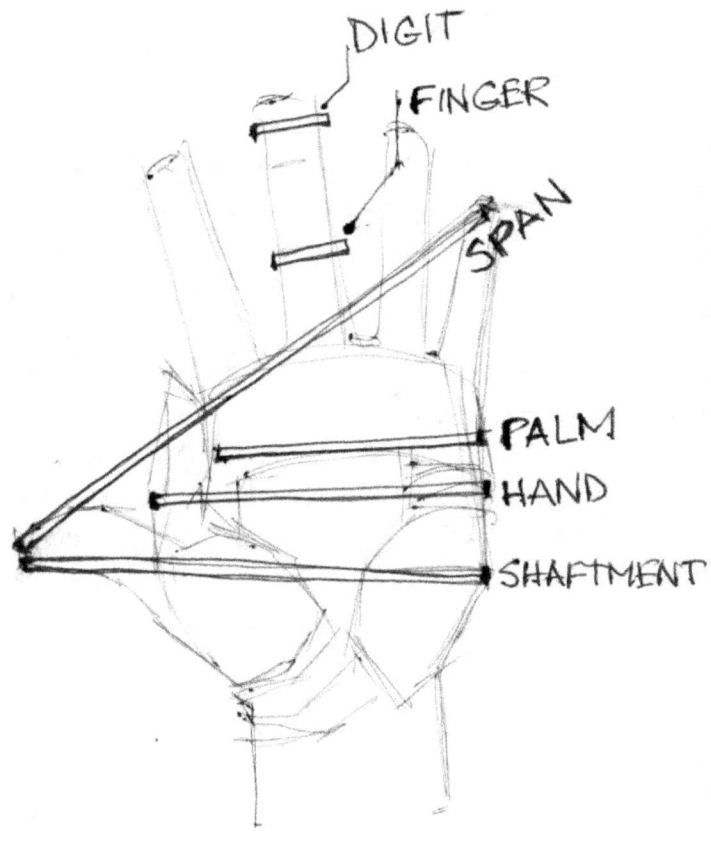

Figura 28. Dimensiones que se derivan de una mano.

A medida que se incremente la escala surgirá el "codo", factor de medida esencial en el Egipto ancestral. Incluso la hallaremos en manos del dios Serapis y de allí a la representación de múltiples regentes a través del objeto del cetro. (figura 29)

El hombre de Vitruvius, representación del arquitecto renacentista: Leonardo Da Vinci, concederá la representación con base en los textos del arquitecto de la Roma Imperial. En la figura en mención inscribe al hombre adulto en la circunferencia y cuadrado. De la base hasta la línea de corte del ombligo, confrontada a la altura inscrita a partir de esta ultima hasta el extremo de la cabeza lograremos identificar la proporción aurea. Adicional a ello encontraremos el registro de las derivaciones dimensionales en un contexto antropométrico: la braza, el codo, el pie, la yarda, el "ell" inglés y francés – entiéndase el "ell" como un sustituto al "codo-, el componente modular de la cabeza junto al despliegue de relaciones armónicas y proporcionales. Fundamentos que serán trasladados a la configuración sistémica de los múltiples componentes que definen una obra arquitectónica. Verificable en la relación de la sección de una columna con el total de su altura y la relación dimensional de sus partes. (figura 30)

La construcción del compas áureo (figura 31)

Habilita una herramienta excepcional en la comprensión de las relaciones dimensionales en el ser humano, el análisis antropométrico de cada uno de sus subcapítulos, la verificación de las reglas y pautas geométricas aplicadas en un conjunto de objetos que surgen de exhaustivos procesos de diseño. Reingeniería a modo de proceso analítico y su consecuente reinterpretación al ser anexada como un poderoso aliado en las formulaciones conceptuales y configuraciones proyectuales.

COMPUTADORES LABRADOS EN PIEDRA

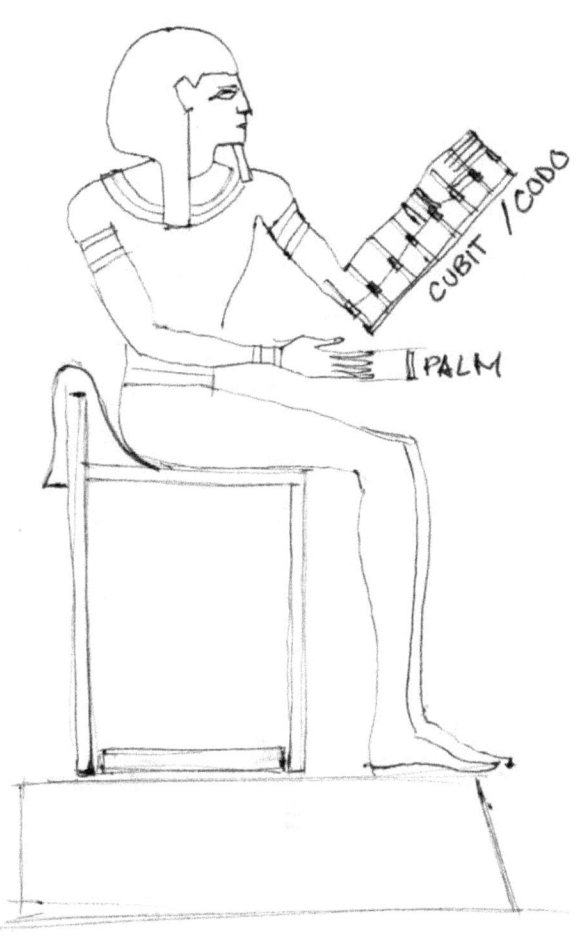

Figura 29. El codo, instrumento de medida con bases antropométricas.

Figura 30. El hombre de Vitruvius, Leonardo Da Vinci.

COMPUTADORES LABRADOS EN PIEDRA

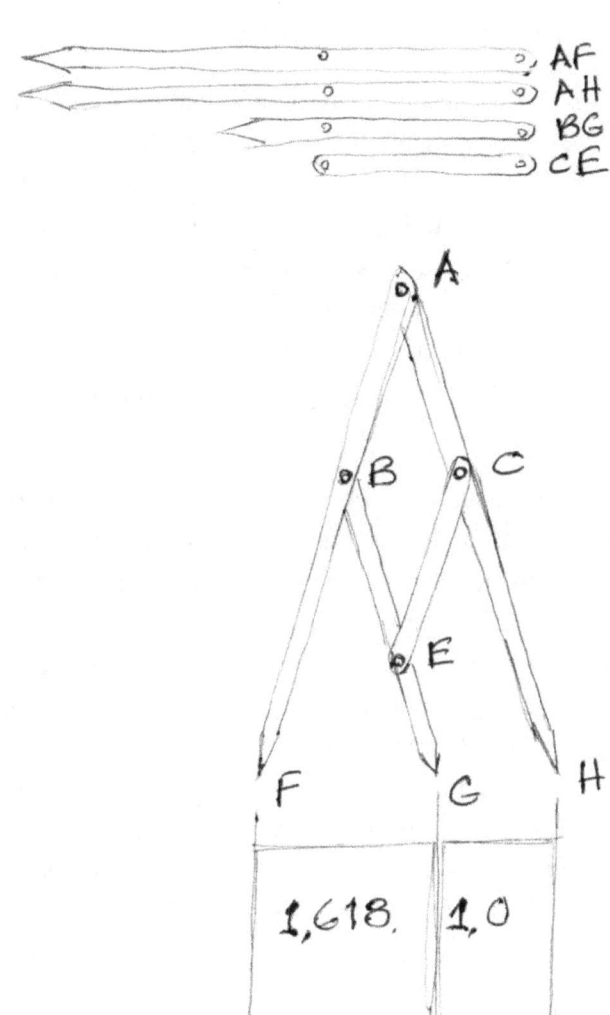

Figura 31. El compas áureo. (diagrama de barra que habilita la operación con base en el 1.618)

El modulor logra enlazar las múltiples derivaciones dimensionales con una actividad humana, una función puntual que halla su fundamento geométrico a partir de las relaciones que tributan a la regla de oro. (figura 32)

Procedemos con el hackeo de las operaciones geométricas del modulor. Su cifra y fundamento suele orbitar en torno al número de Fibonacci: 1.618. si tomamos una recta y la seccionamos por su mitad disponiéndola a un costado con el fin de delimitar un triangulo. Abatiremos esa lado menor contra su hipotenusa o lado más largo. Donde ella corta buscaremos el extremo opuesto de la base del triangulo y abatiendo el punto donde ella corta surgirá la razón del 1.618. (figura 33, parte superior)

El hombre anglosajón o el punto crítico de acuerdo a Lecorbusier, anticipando las bases del diseño universal, nos ofrece una altura ideal de 183cm. obteniendo el submúltiplo (dividiendo en 0.618) emite la cifra de 113cm, allí donde corta la línea del ombligo. Partiendo de la mitad de la base del cuadrado en mención, desplegando la diagonal hacia el extremo opuesto trazando el arco hasta cortar la línea base, ofrece la cifra de los 70cm, con ello se justifica la altura de un escritorio, retornando al punto medio de la base del cuadrado y trazando el arco que abarca la diagonal del rectángulo, al cortar con la línea base ofrece la cifra de 43 cm. 70cm + 43cm justifican la cifra inicial de 113. Cuando se anexa el mismo cuadrado junto al inicial dará la altura mínima de un espacio: 226cm. Derivando el submúltiplo gestara las dimensiones de 140cm y 86cm. (figura 33, parte inferior)

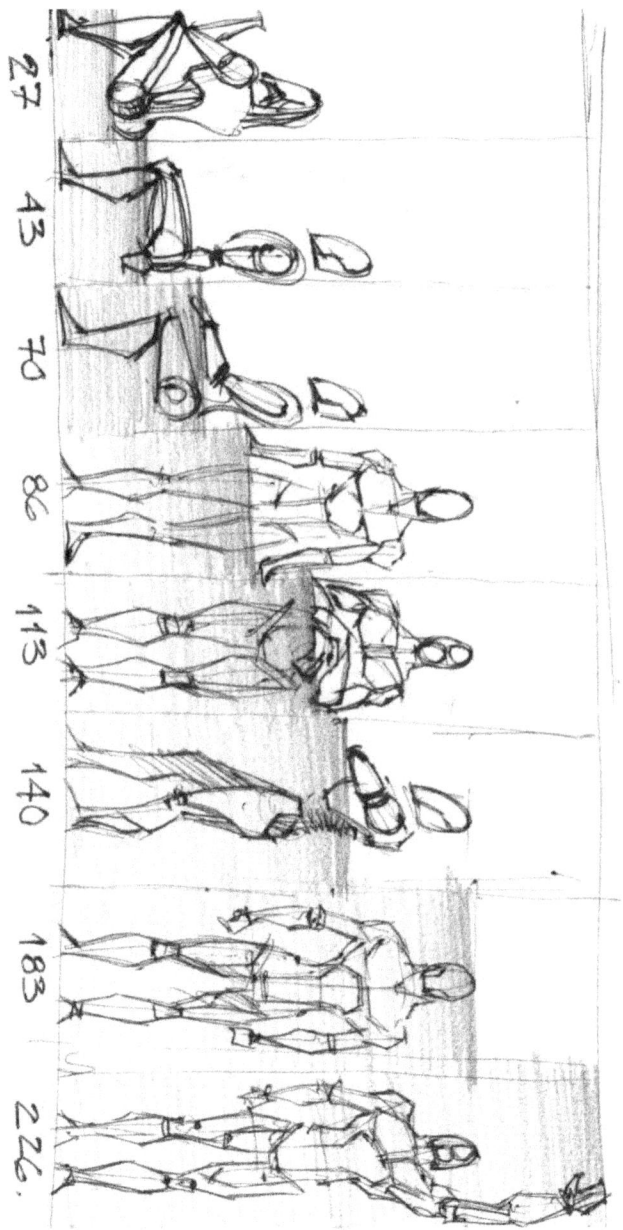

Figura 32. Patrones modulares que emanan del Modulor con relación a una actividad humana.

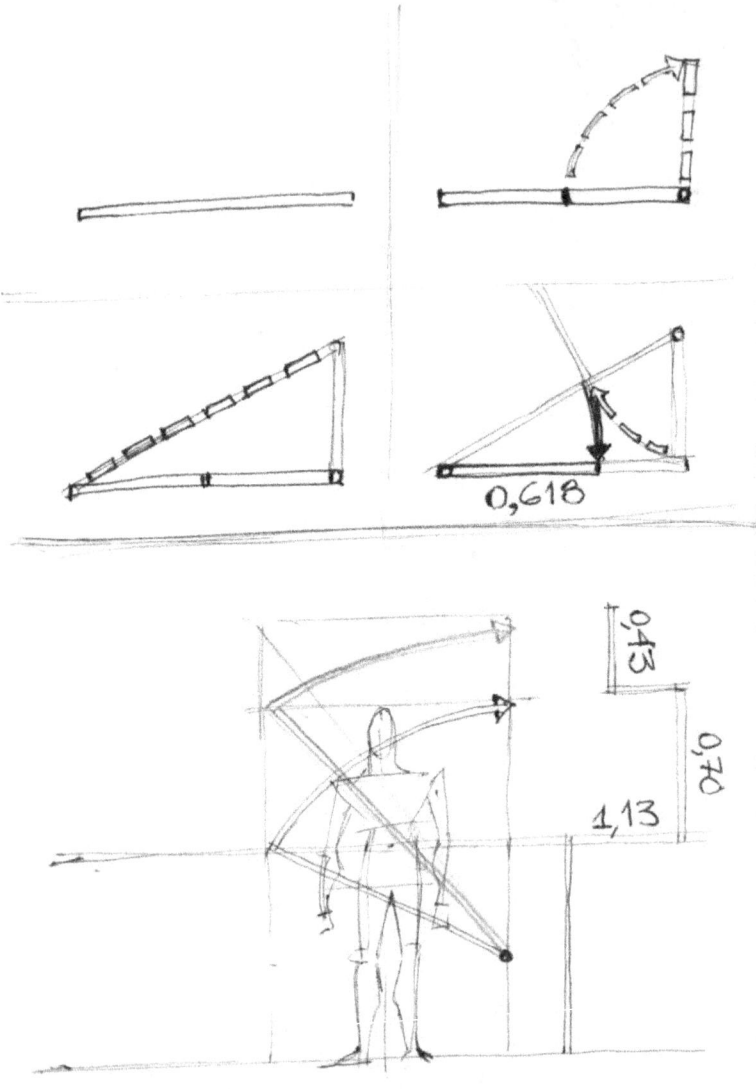

Figura 33. Proceso geométrico y justificación dimensional del modulor.

5 TRATADOS UNIVERSALES

La más grande creación arquitectónica (figura 34)

La más grande catedral ofrecida por el mundo moderno. El sol en un segundo produce 760.000 veces la producción energética al curso de un año a nivel mundial. El equivalente en potencia de la bomba atómica en comparación al total emitido y radiado por la esfera solar difícilmente se aproxima al 2% en un segundo. Con la bomba en mención se construye fugazmente un fragmento de estrella.

Albert Einstein concede las bases teóricas que servirían de fundamento a la elaboración de la misma. Robert Oppenheimer como director científico del proyecto Manhattan daría consistencia al genio que anida en lo invisible.

La teoría de la relatividad nos ofrece un método excepcional, en el contexto en la que ella se concibe no se cuenta con laboratorios de avanzada, instrumentos o herramientas que permitan validar experimentalmente un caudal de deducciones y posturas analíticas. Un conjunto de capítulos se validará a una escala astronómica y otro tanto se resolverá con la herramienta más potente que posee nuestra especie: a través de la articulación y ensamble de un abanico de imaginarios, construcción de guiones hipotéticos a bordo de vehículos y transportes en movimiento. Metodología excepcional al instante en que se integra en la resolución de un problema de diseño, allí donde todos los eventos espaciales mutan y se modifican de manera instantánea, múltiples líneas de tiempo convergen en un mar de probabilidades.

Retomando un conjunto de modelos conceptuales

Figura 34. Bomba atómica, catedral de luz y devastación. El fragmento de un sol o estrella.

concernientes a capítulos de química y física abordaremos los modelos atómicos de Dalton (1803), Thomson (1904), Rutherford (1911), Bohr (1913) y Schrodinger (1926). Subrayamos: cada modelo sintetiza una postura analítica, aborda un conjunto de patrones y conductas puntuales, identifica una serie de componentes estructurantes en torno a los bloques elementales de la materia. (figura 35)

Modelos atómicos y química, ¿Qué tiene que ver la arquitectura? Si se revisa la disposición de los elementos a escala atómica, las formas y modos en que ellos se organizan inciden en las propiedades, comportamientos y características del material. La comprensión de sus escalas incide en la concepción y generación de nuevos materiales y tecnologías para afrontar múltiples desafíos de ingeniería. Los planes de desarrollo de naciones colosales apuestan por ello, especialmente en los capítulos nanotecnológicos.

La tabla periódica como compendio la asumiremos como un tratado, su historia esboza la dificultad en la consolidación de la actual organización. Se contaban con fragmentos, se formulaban múltiples criterios para conferir clasificaciones puntuales, progresivamente se logra identificar un conjunto de pautas, rasgos recurrentes y en consecuencia se procede a su vigente consolidación. Multitudes aportan y deducen los fundamentos básicos del universo, el alfabeto genérico de lo conocido y lo distante. Se infiere incluso elementos ausentes en nuestro planeta. Y es la esfera solar la que se yergue como la principal fábrica de cada letra y pieza fundamental inmediato a sus dominios.

William Blake revela la destreza de traducir un conjunto de sonidos en una visión tangible, una horda de palabras en el

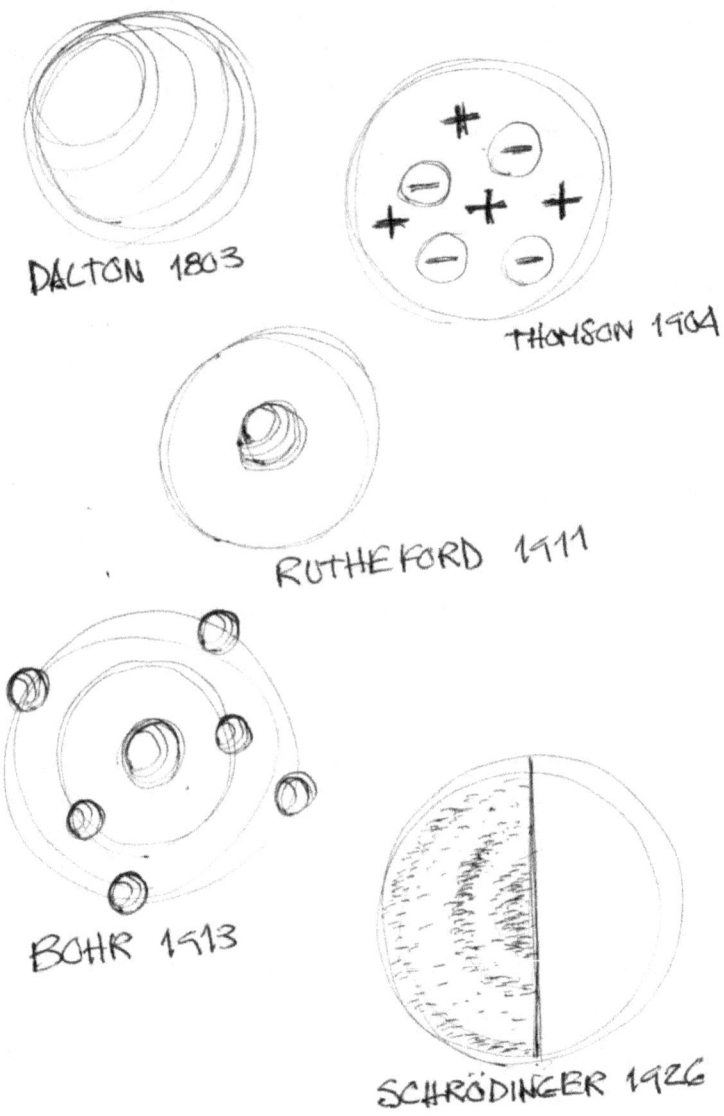

Figura 35. Modelos conceptuales del átomo.

esplendor de una imagen. (figura 36)

En una de sus obras esbozara la oda a Isaac Newton. (figura 37)

Quien concede los fundamentos del cálculo y su sinergia inmediata entre el lenguaje abstracto del universo matemático y la expresión geométrica que se deriva de la misma. Un conjunto de pautas invisibles que emergerán como un mundo paralelo a la evolución de un fenómeno, la anticipación a un conjunto de visiones futuras a través de proyecciones espectrales al amparo del rigor científico. Principia Mathematica, su gran tratado.

Guido de Arezzo, el alcance de su obra expone una descomunal capacidad de síntesis. Dirigiéndonos a una biblioteca extraíamos un tratado de construcción con una extensión de 1500 páginas, aproximadamente. ¿Cuál es la extensión del tratado de Guido de Arezzo? (figura 38)La música y sus partituras establecen una serie de líneas no visibles, afín a los instrumentos de navegación insertos en un avión de combate y una embarcación, pautas fantasmagóricas que se revelan como velos etéreos. Cuerdas que soportan múltiples convenciones y organizan un conjunto de escalas y variaciones audibles. Una clave en cuyo extremo afectara a cada uno de los componentes que se suspendan a ellas.

Arquitectura y música hallan un punto en común en el despliegue de un conjunto de configuraciones abstractas, la métrica se torna visible en el periodo Románico (contexto medieval), las torres se yerguen y en su despliegue vertical ofrecerán en conocimiento las variaciones rítmicas y armónicas de un conjunto de elementos compositivos afines a los periodos y criterios modulares adheridos a las respuestas estructurales y disposición de columnas a modo de un sistema tridimensional.

Figura 36. El dragón rojo, William Blake.

Figura 37. Newton, William Blake.

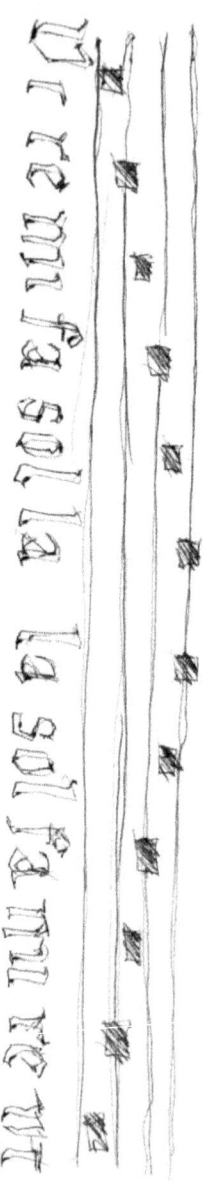

Figura 38. Guido de Arezzo, Solfeo y ejes invisibles insertos a una partitura conceptual.

La geometría y los sólidos platónicos serán evocados en las primeras formulaciones de Johannes Keppler. (figura 39)

Con base en un modelo Ptolemaico, se tornará en un modelo inoperativo. Tan pronto Nicolás Copérnico esboza el modelo heliocéntrico se procederá a efectuar los ajustes y la formulación personal de las trayectorias elípticas, fruto del análisis y predicción matemática.

Los modelos conceptuales exponen líneas ausentes a la realidad, no percibimos autopistas o senderos que condicionen el avance de un cuerpo astronómico. La fracción de tiempo ofrecerá un despliegue cinético de un conjunto de escenas. La música a través de sus estándares revela las orbitas donde anidan un numero especifico de notas y acordes con personalidades puntuales, la interacción de todo el conjunto manifestará una sinfonía única. Un verso cósmico afín al influjo gravitatorio y los ritmos condicionados por una variedad de propiedades físicas. Los proyectos arquitectónicos en sus fases básicas conciben trazos y geometrías que se desvanecen o se tornan sutiles. Cuerdas intangibles que soportan modelos mentales en el ejercicio organizativo al amparo de condiciones y requerimientos oportunos.

Roger Waters, Nick Mason y Richard Wright exhiben una característica única en la consolidación de la banda Pink Floyd. Se conocen en los escenarios de formación arquitectónica y secuelas de la misma se detectaran en sus montajes de escena. Iannis Xenakis, compositor musical, teórico, matemático y arquitecto. Se vincularía al estudio de Lecorbusier, la obra del maestro en mención exhibiría una vitalidad única y un potenciamiento descomunal en los aspectos poéticos y simbólicos a través de sus formulaciones proyectuales. A

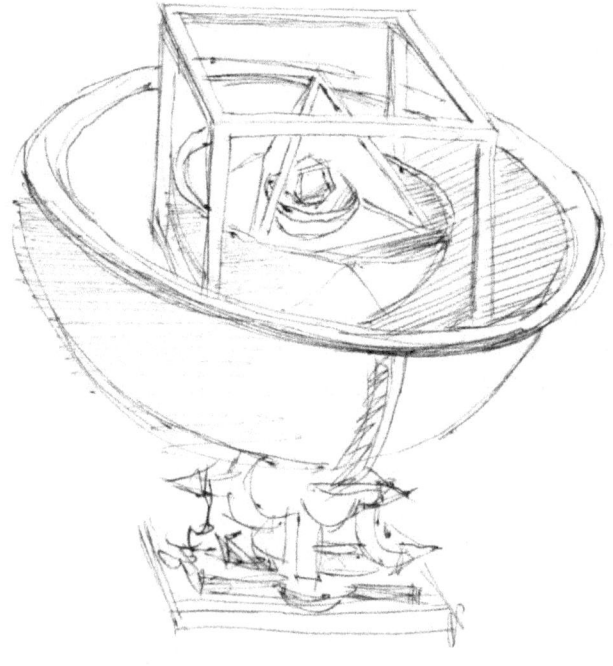

Figura 39. Modelo planetario con base a los sólidos platónicos, Keppler.

Xenakis le tendremos como un héroe sepultado en las sombras.

Los diez libros de arquitectura destinan apartes a la mención de órganos que funcionan a partir principios hidráulicos, el hidraulphone será un ejemplo inmediato, artefactos que bajo una orientación lúdica impulsan la evolución de un trasfondo científico y tecnológico. Destinará el último capítulo a las maquinas. ¿Maquinas? No es una competencia de un arquitecto, dirá un iguanodonte de la profesión (estimamos a la especie en mención, en este caso se hace con el propósito de anunciar la extinción en vida de una persona que se aferra a una postura senil y caduca). Si nos remitimos a un escenario edilicio y procedemos con el seguimiento de las múltiples fases que se trazan desde el inicio y concreción de la obra, se detectaran las grúas que se elevan imponentes, el brazo de un coloso que traslada descomunales cantidades de materiales y objetos bajo el principio de la polea. Los vehículos arribaran y exhibirán una miscelánea de roles y funciones de acuerdo al potencial que ostenten. ¿Qué acaso no se dispone en escena una docena de maquinas para materializar el alcance de una idea arquitectónica?

El ego occidental nos ha conducido a reducir nuestras visiones a los claustros intelectuales de las pocas naciones que tributan al mismo. Roma imperial colapsa, el imperio bizantino prosigue con el legado, la producción y evolución del conocimiento se adormece y es la era dorada del Islam la que rescatara las obras clásicas y construirá sobre esas ruinas. Jabir Ibn Hayyan, aportará en la transición de las visiones místicas de la alquimia para tornarle en un conocimiento operante en una perspectiva científica, otro tanto hará Al Jazzari con los tratados de mecánica aplicada en la elaboración de artefactos, obras civiles orientadas a incidir sobre flujos hídricos y contemplarles como una fuerza continua y constante.

Si revisamos cada una de las asignaturas que componen el programa de formación de un arquitecto, hallaremos que cada una de ella abarca diversas batallas en pro de la configuración de sus contenidos, tendremos una geometría sobre el papel, ella nace como agrimensura aplicada y despliegues formales a gran escala. Identificaremos la perspectiva y sus primeros experimentos a través de observaciones de una realidad impresa en el cristal, pautas y principios alrededor de la percepción visual de una persona. René Descartes elabora previamente tratados y obras referidas al componente biónico: lentes, útil en el ajuste de la correcta y adecuada percepción visual.

Johannes Vermeer integraría un artefacto en el potenciamiento de su arte, la cámara obscura. Aceleraría el registro de una realidad inmediata permitiéndole profundizar en la aproximación realista de texturas y propiedades de cada uno de los componentes de la escena.

Ignoramos los conflictos, batallas y luchas efectuadas por un autor a nombre de su obra y visión. La impresión de unas letras y la congelación de un sonido en tinta pueden en múltiples ocasiones, tornarse en una sentencia prematura y voluntaria de muerte.

El origen de las especies será una de ellas, otras servirán a la consolidación de una gran nación por medio de la fortaleza bélica, su musculo industrial o bien a la eficiente interacción de gremios y ministerios al amparo de un modelo administrativo. El príncipe, Leviathan, el arte de la guerra e incluso aquellas experiencias que no fueron registradas y cuyo sello permanece vigente ante el ojo de la historia: la obra de Alejandro Magno y el despliegue de las fuerzas de Aníbal (quien goza del favor de Baal) ante Roma Imperial junto a la integración pragmática e innovación en el arte de la guerra por parte de Napoleón Bonaparte.

La obra de Vitruvio expone contenidos que se orientan a la defensa y el ataque, de hecho, como ingeniero militar presentaba la capacidad de elaborar ballistas y probablemente otras armas de asedio, de igual manera las incluye en su obra. (figura 40)

Un objeto se torna en un tratado, de él se pueden deducir múltiples capítulos y contenidos en el insertos. Cada obra formulada por Henry Porshe se convertirá en la integración de diversos campos del conocimiento que deben ser sincronizados en la consecución de un ideal de diseño. Sus vehículos de uso civil y militar serán útiles en la validación de un trasfondo científico y compositivo validado por una experiencia tecnológica y técnica. Afín al rifle ak-47 diseñado por Mikhail Kalashnikov.

Von Braun, ingeniero de componentes balísticos para el ejército nazi, responsable del diseño y materialización de los misiles v2 integrados en el escenario bélico de la segunda guerra mundial. La humanidad doma al dragón y su devastador aliento de fuego sea como un instrumento de destrucción y horror o bien como las alas que remontan a su tripulante a los mismos cielos y extingue todo manto invernal. La reorientación de la tecnología bélica con fines civiles otorga las bases y fundamentos para llegar a los confines del espacio exterior, suprimir límites que se creían infranqueables. La exposición o el empaque de representarles bajo una atmosfera pacifica induce un maquillaje u efecto cosmético de posturas y fines armamentistas.

Figura 40. Ballista, Vitruvius en su rol de Ingeniero militar, además del de arquitecto.

Se logra perforar los cielos y contemplar un zafiro sujeto a un mar de sombras.

El planeta tierra en la inmensidad del espacio, la visión que no fue contemplada por la humanidad siglos atrás.

Se exponía en principio la más grande obra arquitectónica de la modernidad con la explosión de la bomba atómica, el genio infernal que consume y devora al abrigo de su ímpetu voraz.

El proyecto Daedalus, concebido por la sociedad interplanetaria británica, proyecta su nave interestelar no tripulada integrando el poder de fusión nuclear, un ejemplo inmediato a un reactor de fusión nuclear natural seria nuestro sol. La nave se habría orientado a la cuarta estrella más cercana: la estrella Barnard, sujeta a la constelación del serpentario.

6 PARAMETRISMO ANCESTRAL

Multitudes de estudiantes se muestran inquietos y ansiosos por la integración de una serie de ítems que les permitan potenciar sus exploraciones en torno a la arquitectura paramétrica. Quienes gestionan y gerencian pueden retroceder al leer el valor de las maquinas, instrumentos y herramientas, si se asume una postura miserable ante un proyecto o una empresa, por supuesto: solo se obtendrán miserias y migajas.

Los proyectos son sepultados y se opta por dar continuidad a la seguridad del diminuto y confortable nido de un conocimiento desgastado por el descomunal transito sobre capítulos que no demandan esfuerzos más allá del promedio, este -el promedio- es el matiz más cercano e inmediato a la mediocridad.

Los círculos académicos han condenando el progreso y avances de los músculos financieros e industriales en razón de su visión mezquina y proyecciones de un enfoque senil y caduco nutrido por un espíritu medieval. Un conocimiento que solo hierve sobre sus libros de textos y aquello que solo se reduce a los contenidos que se dominan, nada más vil que contemplar el cómo a quienes se exponen como los bastiones y precursores de la academia sentirse amenazados por la destreza y habilidades de sus estudiantes o pares, mirar por encima del hombro a quien no ha tenido la oportunidad de acceder a una formación universitaria o condenarle por el influjo de una cultura inmediata.

Ya desearíamos ver cómo se desenvuelven ante sus propios exámenes y repertorios desgastados, ya desearíamos conocer el alcance de sus trazos y propuestas, ya desearíamos atender a un discurso original y propio al parloteo demencial de autores que se desvanecen ante el fluctuante espíritu de las épocas.

Nuestros iguanodontes académicos (sentimos un inapreciable afecto por esa especie extinta) huyen con pavor de los más recientes campos experimentales, ponen a prueba los contenidos que sirvieron torpemente a los problemas de ciudades y naciones. Suelen considerar que de integrar visiones de avanzada a un ejercicio proyectual exige un conjunto de tecnologías y malabares técnicos ausentes en el contexto inmediato. "ante nuestro atraso" dirán, "optaremos por los modos de producción artesanal".

La cultura puede evolucionar, la mente de las masas no lo hace a la par. Huir de la complejidad por el temor al fracaso, el temor a la vergüenza y la vulneración de un orgullo insulso. La academia del futuro demandará la ausencia de figuras autoritarias y espíritus escueleros, pulverizará las fronteras trazadas por profesiones fragmentadas y aisladas a un reducido campo de acción, la academia surgirá a la par de los desafíos que formulen las realidades inmediatas, integrará múltiples y diversos actores.

Los programas CAD son concebidos como potentes interfaces que desmantelan el esquema estático en torno a las formas de representación de una idea proyectual. Vincula un vasto universo de imaginarios geométricos en dos y tres dimensiones, altera las metodologías de antaño a favor de omitir agilidades y pericias de avanzada por parte de un dibujante, se torna muchísimo más tolerante al error. Todos los triunfos matemáticos y geométricos se sintetizan en la interface en mención. Más allá de un trazo, se tabula un movimiento, la huella cinética se desvanece y atiende a una instrucción versátil.

Los programas mencionados se conciben de manera conjunta a formulaciones robóticas, debemos percibir los componentes automatizados y programables de una instrucción que trasciende a un escenario tangible y replica una serie de imágenes insertas en un universo digital. Esa máquina no es más que un robot el cual recibe el nombre de plotter. Si hablamos de fablabs ya el concepto existía desde los diagramas bidimensionales y aquellos que emulan un escenario en 3d. ¿Cuál es la diferencia entre la formulación de una idea sobre un papel, un modelo en tercera dimensión a una escala optima para la intervención humana a el traslado a escala 1:1 o para la función y tamaño en que esta fue concebida?

Si abordamos el parametrismo como la sinergia de una representación digital susceptible a ser alterada de acuerdo a las condiciones y lineamientos que debe atender junto al componente que habilita su materialización bajo una óptica de tecnología de avanzada, ignoramos los fundamentos, bases y componentes esenciales que validan la capacidad mencionada. Ignoramos la infinidad de batallas y triunfos académicos que suplen las estructuras matemáticas y geométricas en la intervención y generación de una descomunal gama de imaginarios.

Cuando la humanidad no tenía ni la más remota idea de la razón de ser de una circunferencia, miles abordaron el problema y un escaso número de personas se alzo con el galardón. Bajo el abordaje analítico comprendieron las pautas formales y geométricas insertas en su proceso constructivo. La línea que sujeta a un punto dado y cuya longitud se preserva constante describiendo una trayectoria en su extensión. Los radios y variaciones angulares con relación a la totalidad de un ciclo, conclusiones sujetas a un problema del mundo real, sea a la construcción de una rueda, la base de una cúpula, el registro de las trayectorias solares y el soporte a los datos georeferenciados.

La geometría descriptiva y su adecuado análisis, facilita la comprensión de las técnicas y procesos empleados en la perspectiva matemática. Destina un aparte a geometrías complejas requeridas para la deducción en torno al comportamiento de una secuencia de líneas indispensables en la representación y construcción geométrica de una embarcación. Las líneas suelen ofrecer comportamientos que atienden y obedecen a una pauta, un designio orquestado cuya síntesis puede hallarse en su formula elemental. Partituras invisibles que comandaran una secuencia de puntos sobre universos cartesianos y despliegues espaciales.

El universo matemático se manifiesta en un lenguaje abstracto, voces y comandos que suprimen un centenar de detalles y canalizan su esencia. Esculpen líneas y figuras a través de la manifestación de sus acordes. Un artefacto con capacidad de cómputo se expresa como la horda de genios que dispone en escena su descomunal ingenio y capacidad de procesamiento en aras de un resultado y un conjunto de procesos.

Un artefacto de tecnología de avanzada realiza un conjunto de tareas, fruto de un legado científico. Las geometrías que se esbozan sobre un papel o un modelo espacial son las mismas que ella ejecuta en una atmosfera de precisión y eficiencia. Si la academia huye a la complejidad y promueve semejante postura a aquellos que dispone bajo sus alas, retrocede ante capítulos que abordan acentuados niveles de complejidad por temor al fracaso y la vergüenza, ¿Cómo aspiran comprender tecnologías de avanzada cuando abominan sus fundamentos?

Todas las formas pueden escanearse manual y artesanalmente a través de un conjunto de secciones. (Figura 41)

La comprensión del factor escala y la valoración constante de los sistemas espaciales habilita un amplio espectro de aplicaciones en múltiples sectores del diseño, para el presente caso, orientado a la arquitectura y el urbanismo.

Ed Catmull y Bukminster Fuller nos enseñaron a abordar geometrías complejas a través de formas poligonales o una resolución conceptual de la misma. Los sistemas digitales nos ofrecen métodos de lectura y escaneo a través de redes y mallas. (figura 42)

El parametrismo se vislumbra en la síntesis de pautas formales y su alteración en razón de un dato que ingresa a su sistema. Evita la alteración de un molde genérico, habilita el incremento o número de componentes aplicado a su subsistema.

El universo biológico transmite una lección valiosa a la humanidad, los componentes elementales que encontramos en las secuencias genéticas exponen una información con múltiples y variadas combinaciones, de ellas emergen un conjunto de instrucciones, lineamientos, asignación de roles, etc. En la definición funcional, formal y metabólica de un organismo y sus componentes.

Las plantas sacrifican el movimiento en aras de un crecimiento ilimitado, en apariencia. La regla de oro surge de las observaciones matemáticas y cuantificación de rasgos sobre un organismo, su conjunto o las sub partes que lo componen. (figura 43)

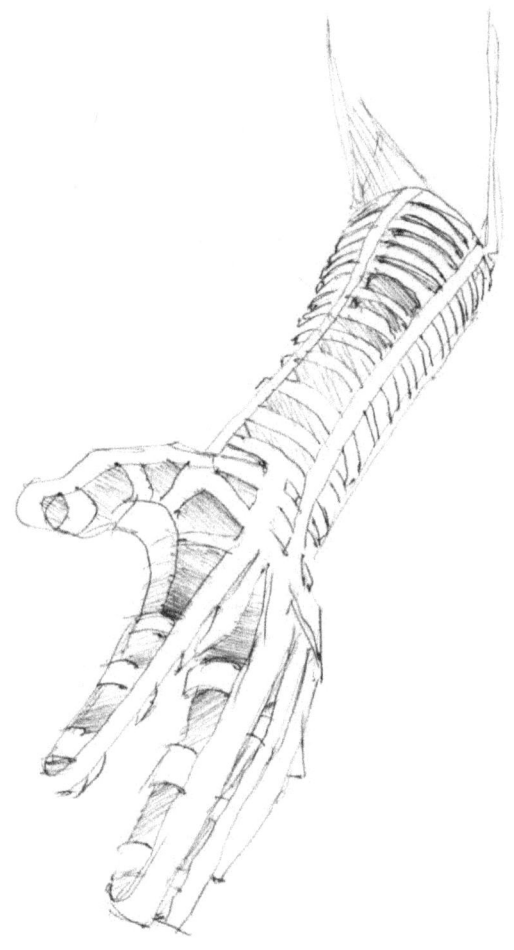

Figura 41. Método de escaneo "digital" sobre un modelo real.

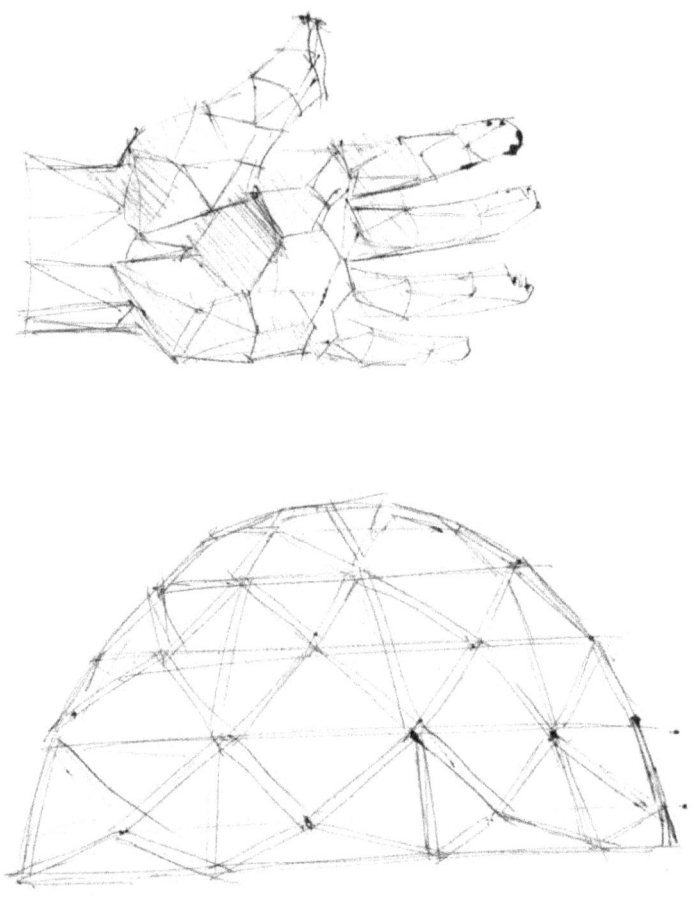

Figura 42.Lectura de una malla poligonal y su equivalente técnico con una cúpula geodésica.

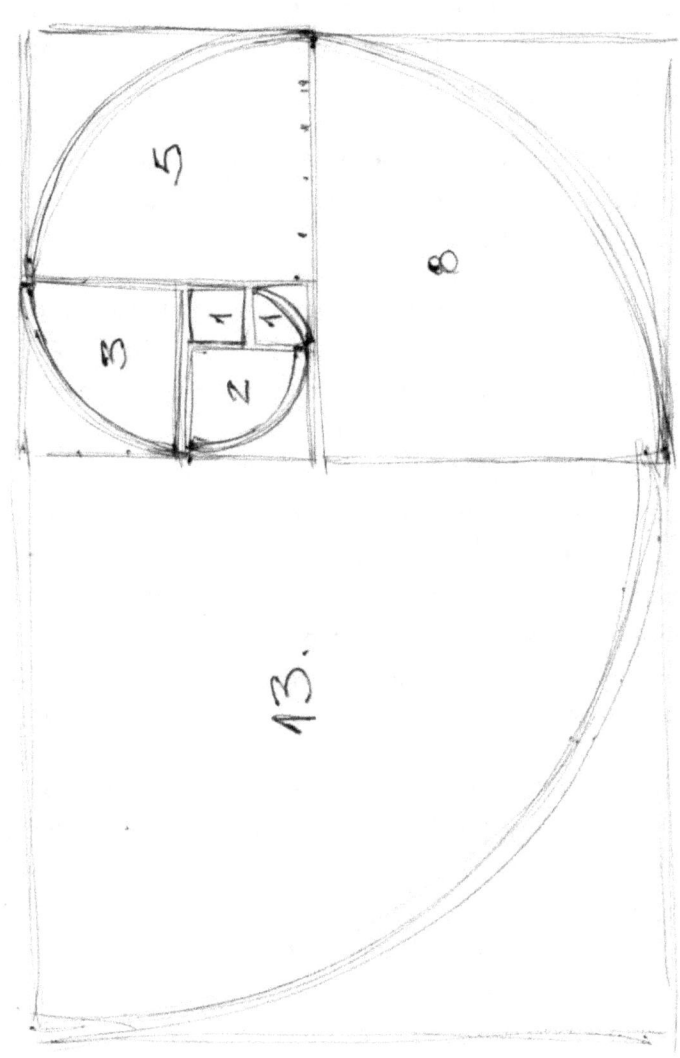

Figura 43. Progresión geométrica, Fibonacci.

La pregunta que debemos formular: ¿Cómo la fusión de células tan diminutas ofrecen como resultado un organismo viviente que se auto regula, modifica sus formas con el tiempo y expone un tamaño que dista en un millón de veces a las iniciales?

La impronta de la muerte es quien concede las primeras versiones de herramientas a la humanidad desde una perspectiva biónica.

La dentadura humana expone un conjunto de piezas que ostentan roles y perfiles de especialización a través de sus formas. Si establecemos paralelos hallaremos conexiones de un incisivo con el principio de un destornillador, la excavadora tipo oruga, las ruedas dentadas. De abordar los caninos el indicio de un instrumento bélico a través de la variación de escala, la herramienta que perfora y desgarra, la punta de la flecha, el dardo o proyectil, a modo de secuencia tendremos la sierra. Los molares y la derivación del principio del mortero, útil en el procesamiento de insumos y economías sujetas a la agricultura. (figura 44)

La caza y los trofeos que se obtienen a través de la actividad en mención garantizan la asimilación de valiosos insumos en el despliegue y desarrollo de actividades complementarias. (Mesolítico) Un altar improvisado ante los dioses de la muerte, la supresión y extinción de toda vida garantiza un invaluable conocimiento. (figura 45)

Un organismo asimila los legados biológicos de múltiples vertientes y potenciales de adaptación, la comunicación idónea y experimental ante entornos ya sean fluctuantes o estables en apariencia. La entidad biológica garantiza capacidades para percibir, procesar, analizar y obrar en consecuencia ante un flujo de eventos. Las estructuras celulares contemplan papeles y

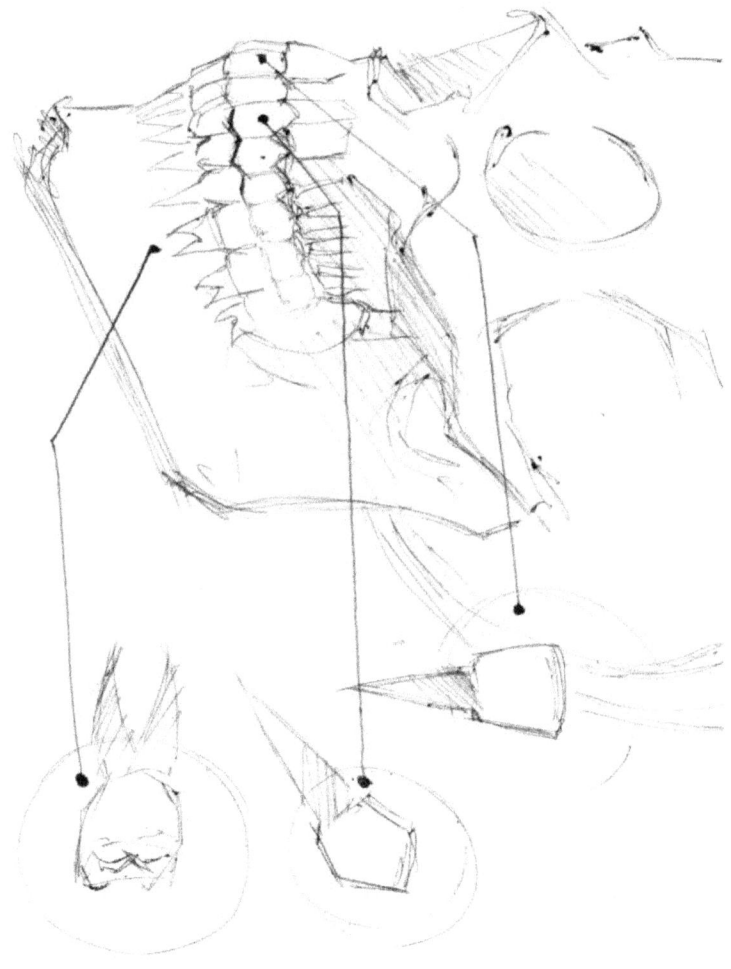

Figura 44. Fundamentos de herramientas a través de propiedades y características formales.

Figura 45.integracion de restos a problemas de ingeniería.

funciones al adherirse a una complejidad sistemática, las escalas varían y los potenciales se expanden. Las formas y siluetas anticipan realidades y medios, la composición muscular, ósea, nerviosa y digestiva se adecua a las elecciones evolutivas, situaciones afrontadas por líneas ancestrales.

Los homínidos junto a sus características y rasgos corporales esbozan la versatilidad de las extremidades al asumir periódicas posturas bípedas. Sus manos revelan la idea de recipientes, manipulación –función evidente- y modificaciones precisas de objetos, elementos prensiles, una amplia gama de acciones susceptibles a ser transformados en una pieza mecánica.

Ante un cadáver, producto de cacerías, emana las primeras versiones de habitáculos o tiendas. Componentes estructurales que emiten características y propiedades puntuales junto a las superficies adaptables, el manto dérmico que se desprende y se somete a un desarrollo geométrico.

De la pesca y sus trofeos, identificamos un conjunto de derivaciones en agujas, motivos ornamentales al enlazarle al despliegue de escamas y remotamente a las piezas que componen un tejado o cubierta.

De la reinterpretación y empleo de una espina a modo de aguja, se disciernen situaciones de desgaste y fragilidad, el dominio de los metales u otros materiales exige avezados modos de comprensión y abordaje, desde la dimensión formal, propiedades químicas u afines en procura de su mimesis e imitación, tan pronto se obtiene el dominio se dibujan un despliegue de formulaciones propositivas bajo la egida de la innovación y una aplicación que trasciende el escenario donde el principio milita.

De la observación continua en escenarios experimentales, la emulación y mimesis a la articulación de un nuevo artefacto, herramienta, sistema, método, etc.

De las espinas a la alambrada en un contexto bélico. Corazas y caparazones que son traducidos en armaduras, escudos y blindaje. El camuflaje en diversas especies y su integración a prendas y superficies de artefactos y vehículos militares. Los textos ancestrales nos revelan los métodos y rituales de Roma Imperial al avanzar en tierra extranjera y sacrificar un animal nativo del lugar que se explora. La intención va más allá de la mística y el fervor religioso, la revisión de sus órganos y entrañas expone la calidad del agua y los alimentos de la zona.

Un escenario natural a través de su flora y fauna contiene un vasto compendio de información enciclopédica en torno a herramientas, potenciales de adaptación, esplendidos diseños ante una complejidad dada.

Si alguna vez nos preguntamos en torno al nacimiento y concepción de la primera columna en una edificación arquitectónica, ¿Por qué razón esbozan motivos de arboles o la abstracción de un ser humano? (figura 46)

El sistema de proporciones integrado a su definición, establece una serie de patrones y componentes modulares, desde la altura total de un ser humano, el codo egipcio a modo de fundamento antropométrico y ergonómico. Bases matemáticas y sistemas de unidad impresos en las divisiones de los dedos de la mano en sus respectivas falanges.

El gótico compartirá la idea de abstracción en torno a un bosque labrado en piedra. (figura 47)

COMPUTADORES LABRADOS EN PIEDRA

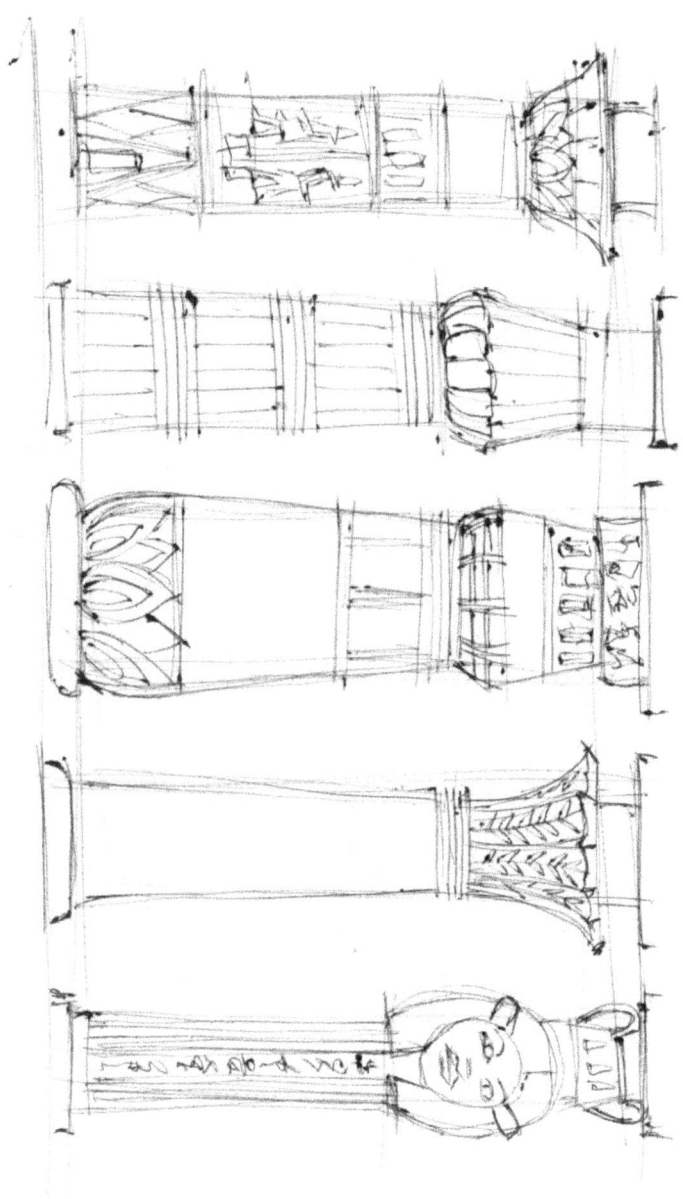

Figura 46. Abstracciones y síntesis geométricas de seres humanos y vegetales.

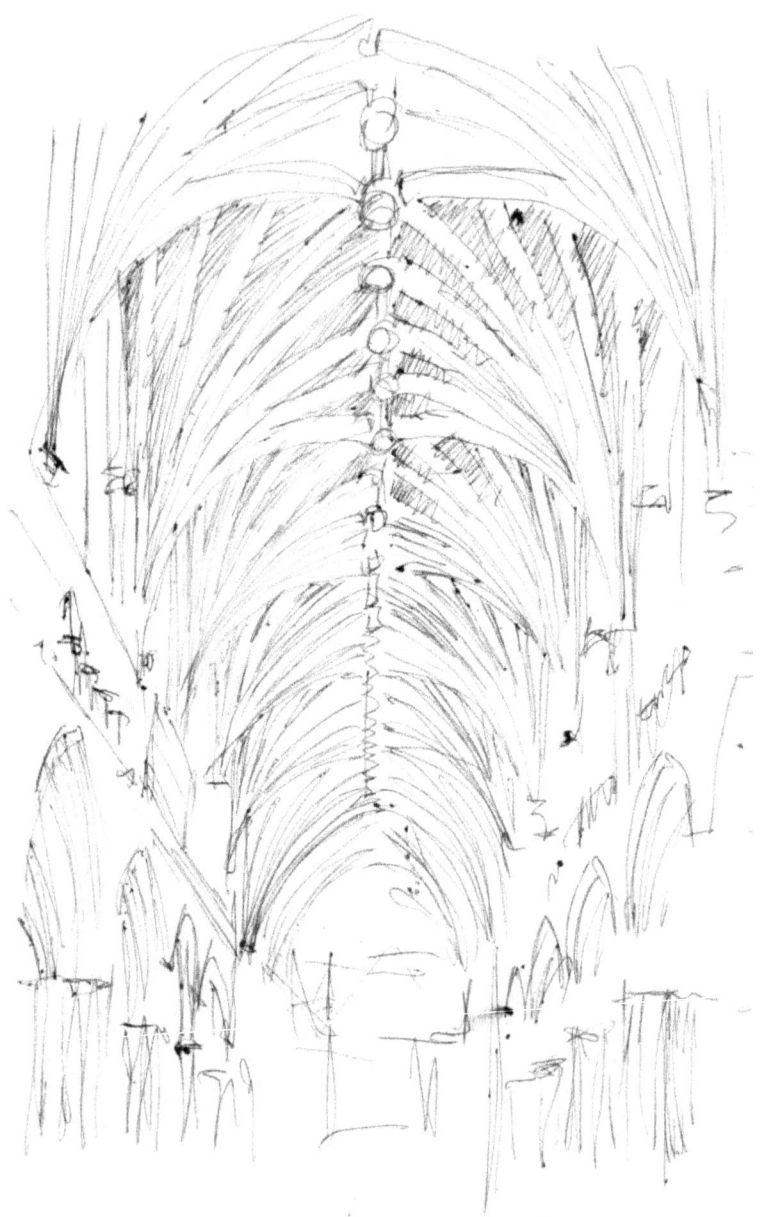

Figura 47. Bosque pétreo, abstracción arquitectónica.

La abstracción del filtro natural de las hojas y ramas al instante de tamizar la iluminación solar (figura 48)

La noción estructural inserta en la canalización de un peso a través del despliegue de líneas en un árbol a través de su copa, ramas, tronco y raíces. La cimentación, el pilar, vigas y nervios estructurales junto la protección provisional a la intemperie. Cobijo y protección ante el inclemente sol.

De la pagoda y el principio estructural expuesto por un pino. (figura 49)

La silla congelará la función de sentarse, de tal operación se deriva el escalonamiento y la primera idea de escalera. Las primeras nociones de ergonomía y confort las disfruta el pequeño ya sea en brazos o en el regazo de su mentor.

Asimo (honda) junto a Petman (Boston Dynamics) persiguen la emulación de un humanoide a través de su trabajo. Emergen capítulos en torno a la inteligencia artificial, asimilaciones sensoriales, emisión de respuestas acorde a un conjunto de situaciones, sincronización de tareas y labores condensadas en la unidad, equilibrio y autonomía relativa. (figura 50)

De las excepcionales obras en mención, resultaría relevante realizar un rastreo de la mimesis antropomórfica y la sensación de dotar de vida a un objeto inanimado. Desde "pinocho", una marioneta que no requerirá de los hilos o instrumentos de control para actuar u operar. Tendones, articulaciones, piezas estructurales y el guion que conduce cada postura u expresión hasta el golem del folklore judío. Ideales que se canalizan en un universo literario.

El surgimiento de los programas Cad, emerge el nombre Ivan

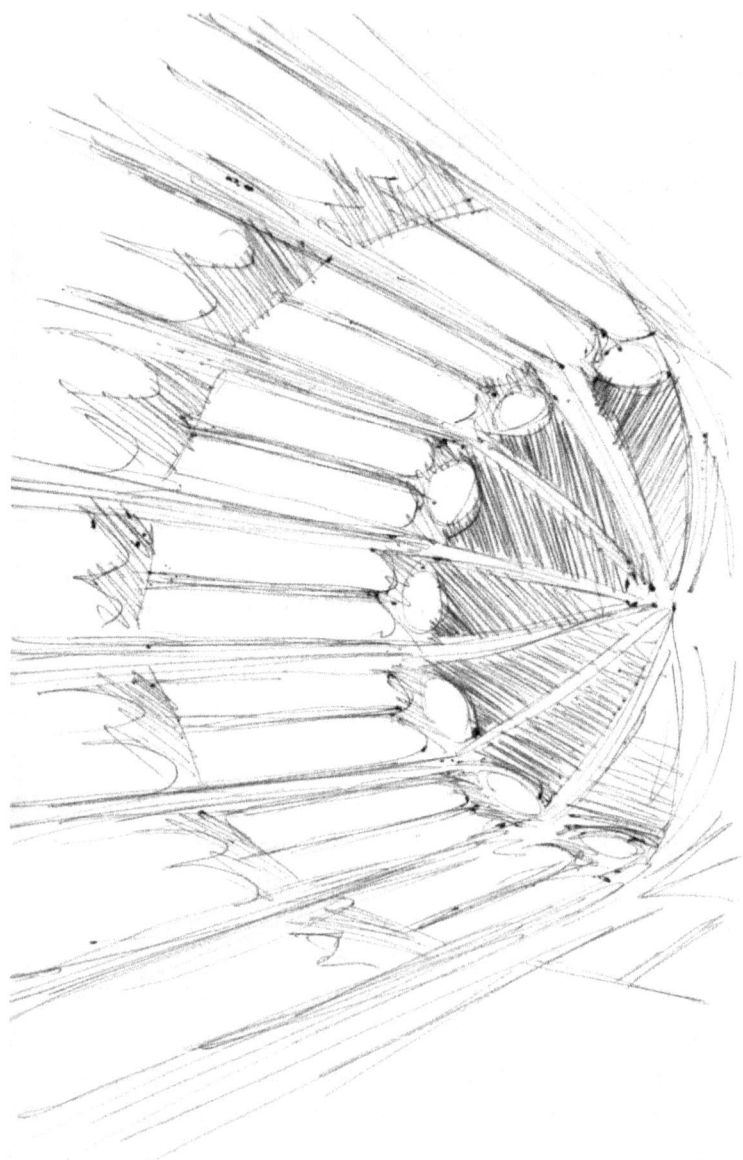

Figura 48. Efectos de filtros solares heredados de arboles.

Figura 49. Pagoda en paralelo a un pino.

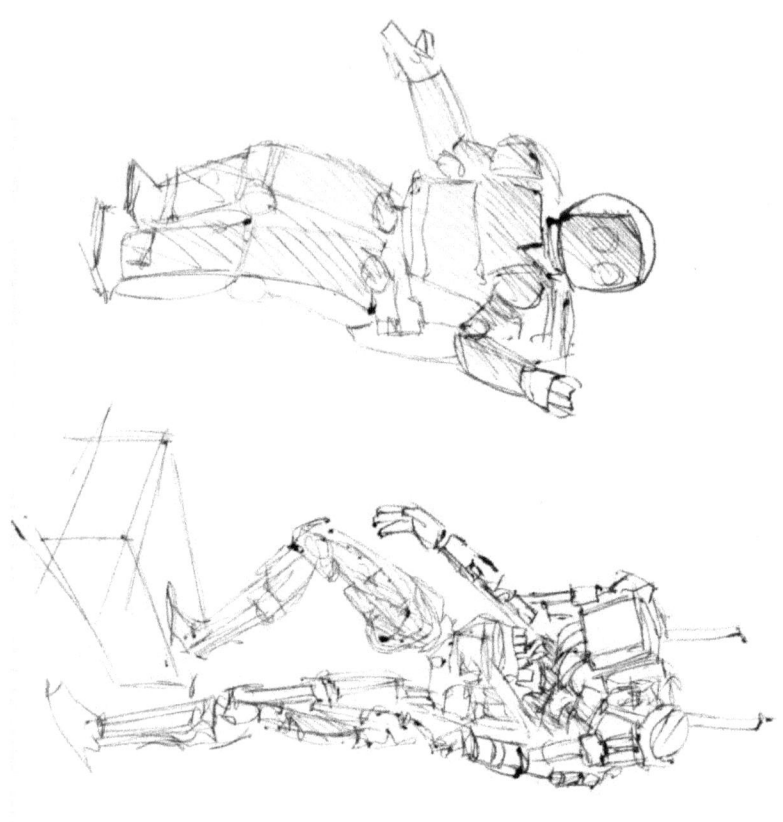

Figura 50. Asimo, Honda y Petman, Boston Dynamics.

Sutherland, sus trabajos iniciales se orientan a generar las interfaces gráficas junto al lápiz de control y la traslación de las simulaciones en un objeto impreso. La idea del plotter surge en el instante mencionado como un objeto programable y mecánico que atiende a una serie de instrucciones precisas. Una impresora es un robot, a diario convivimos con ello y concedemos poca trascendencia al descomunal avance dispuesto en ambientes domésticos y laborales. (figura 51)

La máquina que se torna en imprenta portátil y elimina todo limitante asignado por los sellos tipográficos o el conjunto de piezas, el artefacto que puede trasladar un amplio universo de imágenes esbozados en una pantalla a una superficie tangible. Un dispositivo que dosifica un líquido en fracciones de segundo, arroja y suspende línea tras línea, punto a punto el contenido a emular sujeto a un potencial electromecánico.

Un dispositivo que ostenta un rango de autonomía tras emitirse un comando o instrucción. Una labor programada en la estructuración y canalización de interacciones y pulsiones operativas. Asimilar un conjunto de eventos repetitivos y constantes a una expresión mecánica, eliminar posibles intervenciones externas al sistema al prescindir de un monitoreo de un ser o criatura. Se nos expone un vehículo no tripulado en un contexto bélico, conocidos como UAV. (figura 52)

Leonardo DaVinci en un contexto renacentista ya había asumido el reto de eliminar toda dependencia con el animal que impulsa un carruaje, automatizar el alcance operativo de un vehículo al disponer un conjunto de piezas, engranajes y componentes de manera armónica en la definición del sistema.

Al Jazzari, en el esplendor de la era dorada del Islam y el rescate

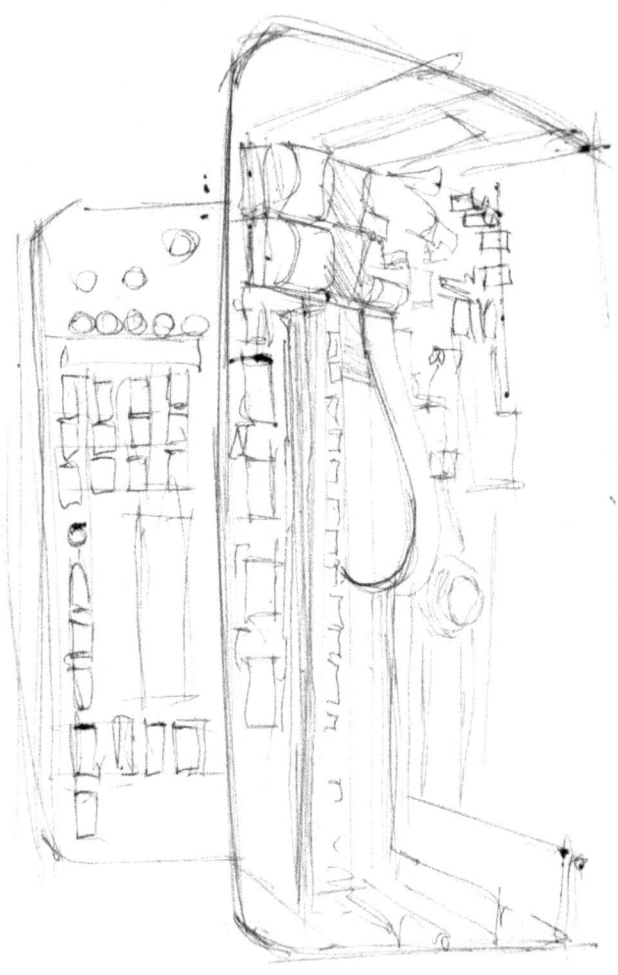

Figura 51. Impresora, robot que yace en cada hogar.

Figura 52. UAV, Predator.

de los grandes legados del conocimiento antiguo, en casos puntuales de traducir el flujo hídrico en una labor mecánica. Formula un conjunto de relojes y artefactos, autómatas con funciones puntuales orlados por el alcance plástico de una perspectiva artesanal junto a la mística del espectáculo tal como lo haría Herón de Alejandría. (figura 53)

De los artefactos concebidos para la medición del tiempo se derivará un universo de bloques mecánicos a través de sus interacciones, pautas y secuencias lógicas como el germen de la programación y predefinición de tareas puntuales, comportamientos y limitantes físicos en ambientes controlados. Pierre Jaquet-Droz, Relojero del siglo XVIII, conducirá su arte a niveles de complejidad y desarrollo de manera excepcional, ofrecerá al mundo el Escritor, el Músico y el Dibujante. (figura 54)

La biónica nos enseña a tomar un principio detectado en una especie y su consecuente integración a un problema de ingeniería o diseño. El análisis y re-interpretación de un rasgo, capacidad, estrategias de adaptación y formulación de las mismas en un amplio espectro de dimensiones: formales, estructurales, cinéticas, metabólicas, etc.

Desde la concepción de herramientas, que bien las podríamos definir como prótesis y unidades que disminuyen de manera considerable un esfuerzo y racionaliza una labor o tarea. Imitación de conductas en escenarios rituales (Kung Fu y su repertorio de estilos fundamentados en una especie) o eventos cotidianos hasta la intervención a escalas microscópicas de un proceso fabril tal como sucede con el kevlar y el velcro.

En un contexto arquitectónico una edificación genérica puede asumirse a modo de prótesis u extensión artificial de una

COMPUTADORES LABRADOS EN PIEDRA

Figura 53. Al Jazzari, autómata, reinterpretación de textos clásicos.

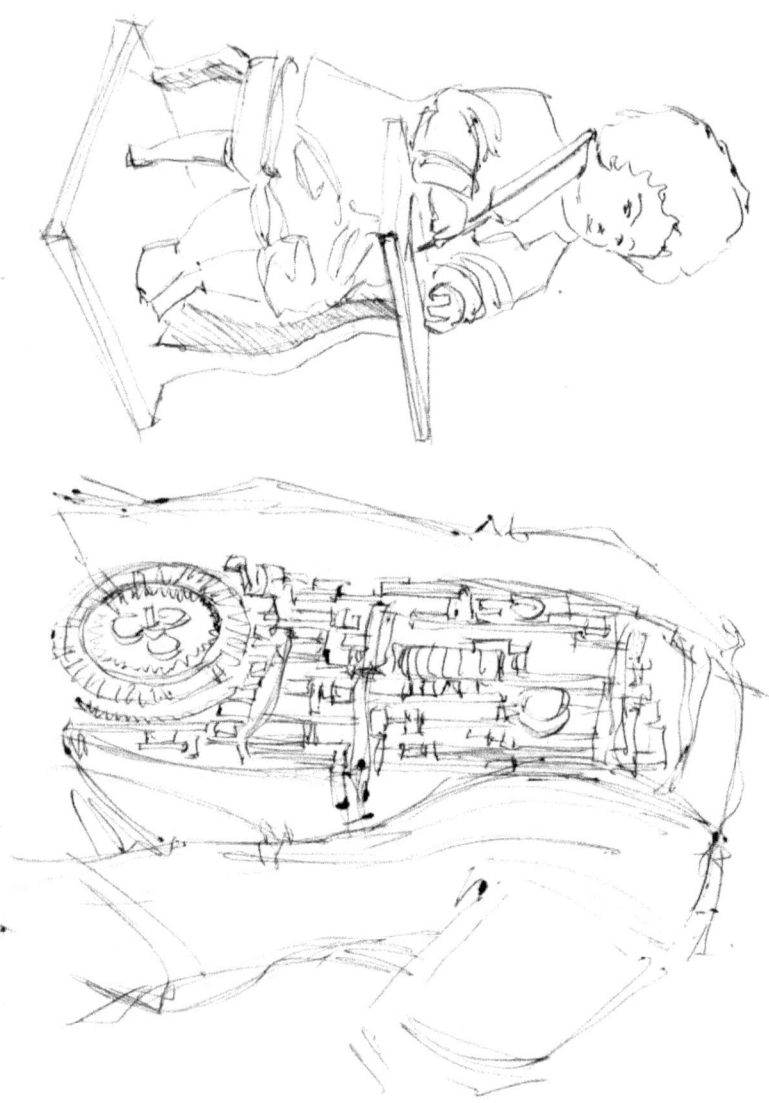

Figura 54.Jaquet Droz, el escritor.

superficie dérmica, a modo de exosqueleto junto a los elementos que garantizan un monitoreo sensorial, llámese ventana, vano o abertura. La abstracción de una coraza o caparazón, su estructura formal esboza el componente modular y el patrón regulado por una función geométrica. La forma que se adapta y muta por efecto de operaciones preconcebidas y se anticipan a una expansión y crecimiento.

Un organismo opera como un complejo estadístico, una multiplicidad de sistemas matemáticos y geométricos en respuesta a un conjunto de factores ambientales en armonía a los legados por herencias biológicas. La cultura se esboza como un software que incrementa y ajusta el repertorio de respuestas y conductas acorde a los alcances de sus escenarios. Laberintos que agudizan, mejoran o entorpecen la calidad de las replicas.

La cultura popular nos ha hecho creer en la errada idea de la similitud o afinidad entre un computador y un cerebro. Un dispositivo que ejerce con celeridad mandos de control, administra y regula un descomunal número de elementos. Los enjambres y colonias en un ámbito biológico exponen la minúscula capacidad de respuesta ante un cumulo de problemas al aislar a uno de sus integrantes. Ineptitud y torpeza esbozaría el alcance de las interacciones ante el evidente contraste del despliegue e interacción armónica del conjunto. La inteligencia que emana de la adhesión de componentes minúsculos y con reducidos márgenes de decisión y análisis. El poder descomunal en el número y las masas. (figura 55)

Las células esbozan grados de especialización, roles y funciones articulados en el desarrollo de un sistema, exponen y delimitan grados de autonomía, a escalas micro y nano compendian la complejidad de sus estructuras de diseño, sus adaptables

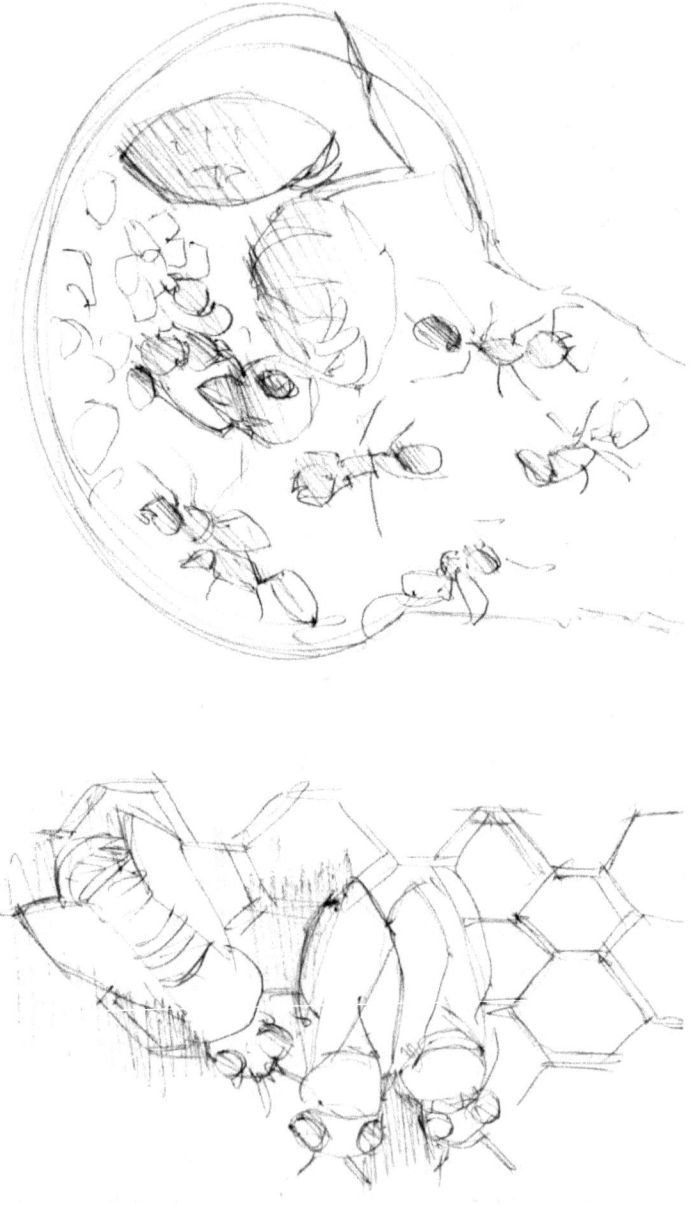

Figura 55.Inteligencias colectivas a partir de modulos que aislados, rayan en la "ineptitud".

sistemas de programación y operatividad, las propiedades emergentes en el amplio y vasto numero de interacciones que se sintetizan en un reflejo consciente.

El astropollo de Freeman Dyson atiende a la posibilidad de fusionar la maquina y el animal, su fantasía encuentra equivalencia en un robot controlado por el cerebro de una rata, elaborado por Kevin Warwick en la universidad de Reading. (figura 56)

Un conjunto de experimentos se habrían ejecutado persiguiendo la fusión de neuronas con circuitos electrónicos. Nuestros computadores se desenvuelven como calculadoras, en contextos virtuales se ha desplegado experiencias en torno a la inteligencia artificial. Un organismo aprende a través de errores y fallos, fatales y nocivos en la concepción del software y sistemas convencionales. Absurdo cuando se traslada al desenvolvimiento de comunidades o grupos de personas al abogarse por la eficacia, más allá de la eficiencia —adaptable a una diversidad de problemas-

Sistemas auto replicantes, auto regulables con capacidades de regeneración, competentes al momento de reescribir sus estructuras y maneras de interpretar situaciones y realidades inmediatas. Ante las maquinas y sistemas digitales, todo un universo por descubrir y emular en un contexto práctico.

Theo Jansen logra emular a través de un proceso de síntesis y reinterpretaciones mecánicas el movimiento de un cuadrúpedo. (figura 57)

Se ha imitado el despliegue cinético de arácnidos, aves, peces, serpientes, bípedos y cuadrúpedos. (figura 58)

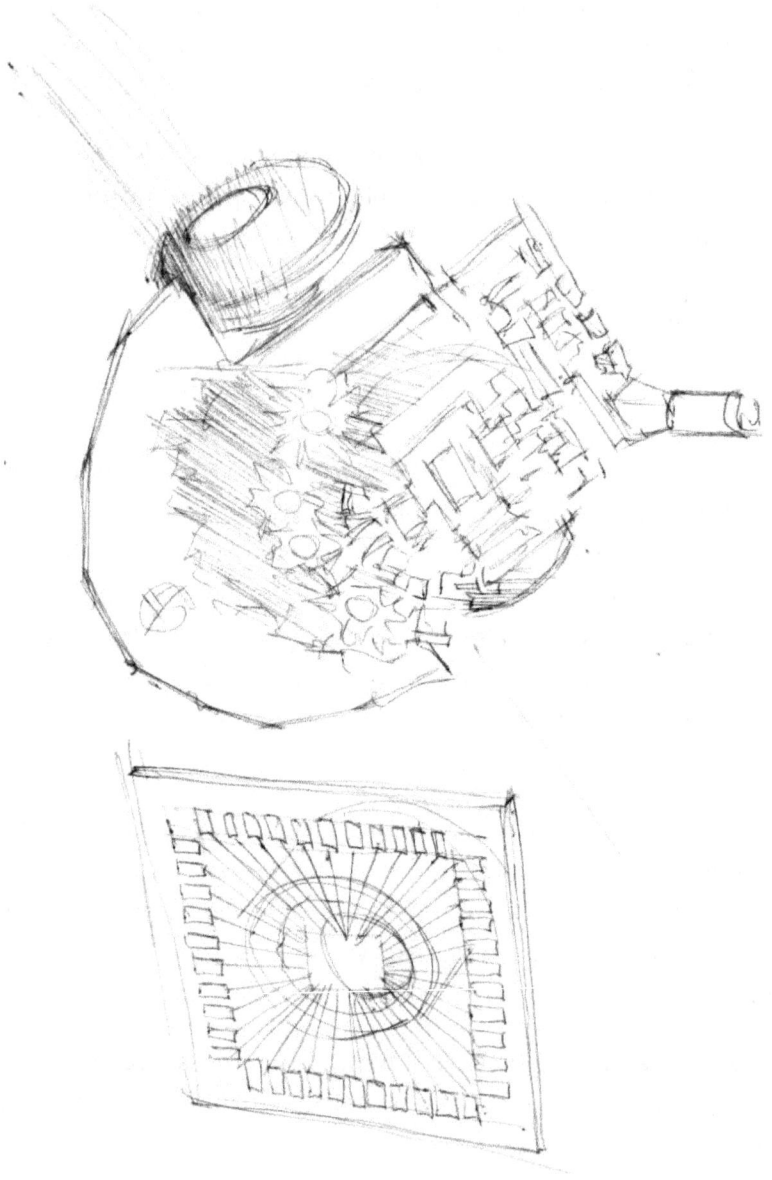

Figura 56. Robot controlado por el cerebro de una rata.

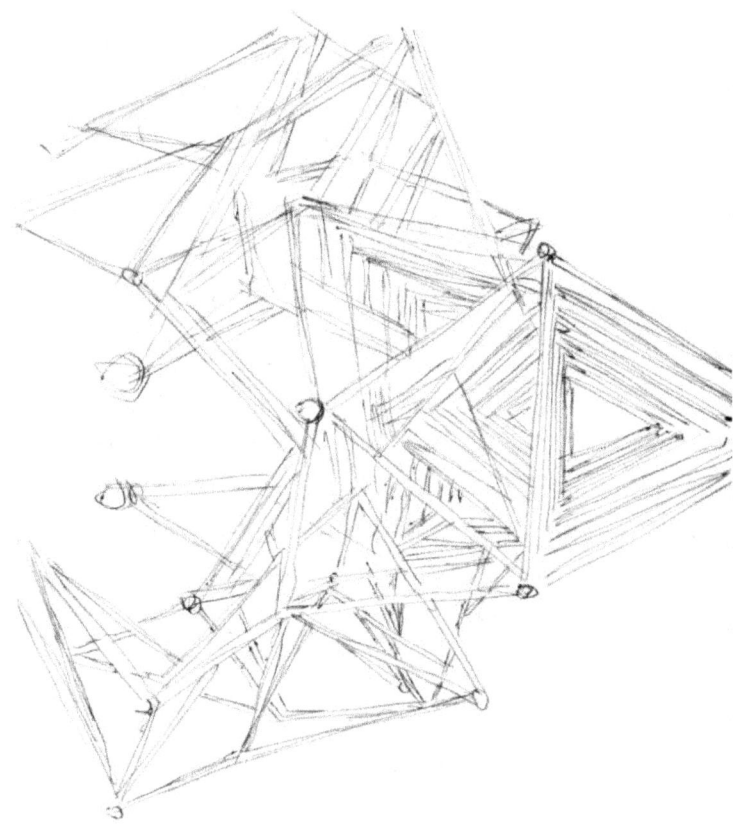

Figura 57. Theo Jansen, abstracciones a través de diagramas de barras y mecanismos.

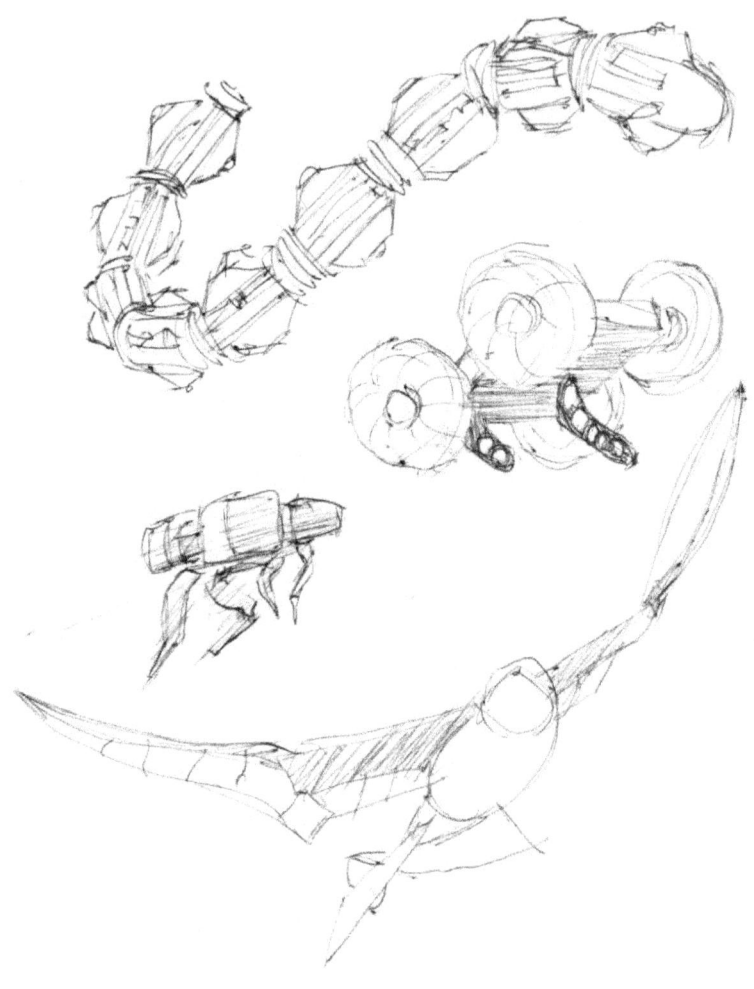

Figura 58. Abstracciones robóticas a partir de un modelo biológico.

La imitación es un primer paso en la consecución de un conjunto de soluciones puntuales ante un espectro de problemas y desafíos. Se omite un universo de aspectos útiles y excepcionales a razón de las limitaciones técnicas y tecnológicas, recurrentes al factor de una escala micro y la superación de contextos electromecánicos. Si abordamos los principios formales y capacidades biológicas de una serpiente hallaremos la muda de piel. El abandono de un contenedor dérmico que da lugar a uno nuevo. En múltiples insectos hallaremos un problema afín: renovación constante, adaptación al crecimiento, economía de recursos y empleo inteligente de las mismas. Los factores de crecimiento son capítulos que aun no han sido resueltos, tal vez apelando a componentes plegables, materiales con memoria, piezas hidroneumáticas, etc. La regeneración ha hallado equivalentes con plásticos que se pueden auto curar, materiales que se deforman y retoman su postura inicial, aun así, adolecen de un sistema metabólico, un conjunto de componentes autónomos que atienden a una estructura integral. La idea o noción de evolución suele exponerse como un imposible ante la necesidad del reemplazo o supresión de un conjunto de objetos por aquellos que se introducen en su relevo.

La fabrica que se autoconstruye, el modulo o componente celular que de ser introducido en su medio altera y expande sus dimensiones y capacidades en función de una base programable susceptible de experimentar mutaciones y cambios. Tal visión se esbozaría como el más grande logro de los capítulos biónicos.

7 RASTREANDO LOS ORIGENES DEL CUBISMO

Percibimos un mundo tridimensional, la esfera ocular asimila y reinterpreta un conjunto de escenas expuestas a la luz sobre un velo o superficie. Cuando el manto bidimensional se dispone sobre la extensión o cendal que cobija la esfera irrumpe una dimensión adicional.

Múltiples reflexiones surgen en torno a un ser que anida en un universo con un limitado número de dimensiones. El punto habita en un universo lineal, solo existe "adelante" y "atrás", en un universo bidimensional, ninguna criatura tendrá la más remota idea de la "profundidad", su visión se reduce a un conjunto de líneas mutables. La transición de un universo a otro esboza el exponencial incremento de masa o volumen junto a la inserción de múltiples secciones en la configuración de un objeto u organismo.

Bernhard Riemann pulveriza las limitaciones de la geometría euclidiana a través de sus postulados, la apertura a mundos multidimensionales, regiones a las que la humanidad no ha tenido acceso, metodologías excepcionales en la resolución de un problema, en un contexto científico, el equivalente a pensar "fuera de la caja", resolver inquietudes incluyendo matrices y capítulos jamás aceptados por el estándar.

La expresión geométrica consolida a la cifra más allá de la abstracción o el símbolo, el patrón operativo que exhibe una multiplicidad de variables y soluciones formales. La voz del artista invoca el conocimiento universal de los fenómenos y eventos, reinterpretación o emulación de las percepciones establecidas en un organismo, demanda la comprensión de las estructuras invisibles y configuraciones en múltiples escalas. La geometría es su aliada, que ella sea replanteada exige nuevos desafíos en la construcción de realidades hipotéticas.

La cámara fotográfica capturo el instante en cuestión de segundos, la video cámara una secuencia de instantes sobre una línea de tiempo. El futurismo italiano evidencia el despliegue fílmico en una intención pixelada. Giacomo Balla, "mujer corriendo", a modo de ejemplo. Las vanguardias hacen presencia junto a la consolidación de plataformas industriales y nuevas formas de producción, inciden en la percepción cotidiana e interpretación de situaciones inmediatas. Toman distancia respecto a las posturas clásicas y potencian sus técnicas y ojo con la integración del renovado espíritu tecnológico.

Los experimentos en fotografía futurista exponen maravillosas técnicas que habilitan el registro de un despliegue cinético en una imagen. Anton Giulio Bragaglia, su exponente.

Fernand Leger, con su Ballet mecánico, expone la utilidad de integrar la videocámara en la edificación de una obra fílmica. El gabinete del doctor Caligari, ofrece la integración de un escenario fantástico adaptando una serie de variaciones y distorsiones formales a favor de la perspectiva y la ambientación.

Experimentos asimilados por la industria cinematográfica, la inmersión de las masas en un ambiente audiovisual junto al despliegue de un vasto espectro de simulaciones sensoriales facilita la propagación de una idea o tendencia. En antaño los coliseos o teatros, por un tiempo la radio, la televisión, ahora el internet.

Modos de producción industrial fundamentados en el factor tipo, la reproducción de un molde genérico que anticipa la superación de un contexto artesanal. El trasfondo conceptual de un sello integrado a un producto u objeto. El arte al alcance de las masas, la concentración de esfuerzos a una idea estandarizada. La readecuación de metodologías de intervención en función del progreso técnico, del trazo que se plasma sobre una hoja de papel a la emulación cinética depurada y versátil de un punto que asume un descomunal numero de repertorios y características.

La visión cinematográfica, su concepción y desarrollo determina el alcance de un principio inserto en la filosofía cubista, la secuencia de múltiples perspectivas que inciden en la supresión de simetrías en una obra arquitectónica. El conocimiento y lectura a través del recorrido, juegos de luces y multiplicidad de ambientes articulados en una composición espacial. Silencios y ruidos, luces y sombras. Libeskind en la consolidación del museo en memoria al holocausto expone un complejo juego de perspectivas que inciden en la reinterpretación de la lectura espacial, de manera magistral da continuidad al legado expresionista en su composición arquitectónica.

Maurits Cornelis Escher, es quien mejor revela a través de la construcción de sus ilustraciones la consecución de una experiencia aproximada a un mundo tetra dimensional. Desafíos a la física convencional e imposibles son recurrentes en su obra. El espacio plegado, las variadas perspectivas que convergen en una sola toma, transformaciones y mutaciones formales.

Un objeto o figura tridimensional, representado en una malla alámbrica expone por defecto la transparencia de su forma y al mismo tiempo genera en una imagen su rostro frontal y posterior. La misma situación surge en la representación alámbrica de un cubo, en un instante observaremos una toma elevada en otra, tendremos la sensación de observarle desde un punto inferior. Un universo de cristal o en modo alámbrico hará que nuestra percepción emprenda un salto o descienda de manera instantánea.

El Egipto ancestral nos concede en sus representaciones bidimensionales el germen del surrealismo y de manera especial: el cubismo. (figura 59)

Si nos detenemos a analizar lo expuesto, hallaremos la fusión de una proyección lateral junto a un indicio cinético con la disposición de las piernas, el torso, brazos y hombros ofrecerá una proyección frontal y la cabeza retorna a una disposición lateral o de perfil. En toda la extensión de la altura detectamos una distorsión espacial ejecutada de manera armónica. Tres lecturas espaciales en una proyección. Si la confrontamos con una pintura cubista, el perfil se fusiona con un segmento frontal, las tomas superiores se confunden con escorzos en función de una visión inferior a la línea de horizonte, de hecho, múltiples horizontes pueden participar en la construcción de una toma.

Figura 59. Perspectiva cubista presente en civilizaciones ancestrales.

ACERCA DEL AUTOR

http://www.marcoaureliogalan.blogspot.com/

www.ingramcontent.com/pod-product-compliance
Lightning Source LLC
Chambersburg PA
CBHW071721170526
45165CB00005B/2097